제주도 역사설화스토리텔링

애월읍

제주도 역사설화스토리텔링

애월읍

초판 1쇄 발행일 2016년 1월 20일
초판 2쇄 발행일 2016년 11월 30일

글쓴이 장영주
펴낸이 양옥매
디자인 최원용
교 정 조준경

펴낸곳 도서출판 책과나무
출판등록 제2012-000376
주소 서울특별시 마포구 월드컵북로 44길 37 천지빌딩 3층
대표전화 02.372.1537 **팩스** 02.372.1538
이메일 booknamu2007@naver.com
홈페이지 www.booknamu.com
ISBN 979-11-5776-149-4(03980)

이 도서의 국립중앙도서관 출판시도서목록(CIP)은 서지정보유통지원 시스템
홈페이지(http://seoji.nl.go.kr)와 국가자료공동목록시스템
(http://www.nl.go.kr/kolisnet)에서 이용하실 수 있습니다.
(CIP제어번호 : CIP2016000354)

제주도 역사설화스토리텔링

애 월 읍

글 · 장영주

구성과 일러두기

  구비문학은 아주 오래 전부터 사람들의 입을 통해 전해 내려오는 이야기로 여기에는 설화(신화, 전설, 민담)가 대표 격이다.

  글쓴이는 애월읍의 역사설화를 30년에 걸쳐 조사하고 기록하여 두었으나 정리할 기회를 갖지 못했다. 그러다 우연한 기회에 1차로 전자 출판을 했고, 이를 근거로 종이책으로 출판하게 되었다.

  또한 이 책은 애월읍에서 '애월읍 역사설화스토리텔링'이라는 이름으로 출판할 때 이를 보안·수정하여 사진·제줏말설화를 첨가하는데 기본 자료가 될 것이다.

  이 책은 애월읍에서 전해 오는 역사설화를 정리하였다.

  첫째, 이 책은 '역사설화 자료집'이므로 다른 사람이 채록하여 기록한 내용과, 애월읍 지역과 관련이 있는 인물, 역사, 자연, 지리, 유래, 지명, 신화, 신앙, 전설, 민담, 속담 등 모든 분야를 모두 모아서 역사적 의미를 지닌 설화를 기본으로 하여 일반적인 설화로 포함하여 엮었다.

  설화란 모름지기 구전되는 관계로 화자와 청자의 소통 에 따라 오해하여 기록할 수도 있다고 보므로, 다시 보완하는 기회(애월읍 역사설화스토리텔링 책자 발간 시)가 주어졌을 때 정리하고자 한다.

  둘째, 기존에 채록된 역사설화를 제시할 때는 가능하면 내용을 그대로 살리면서 문장을 조금 다듬었다. 일부 역사설화는 글쓴이가 직접 채록하여 제주신문에 연재(1990. 6. 20.~1992. 9. 27.)한 내용(당시 신문 공지 사항: 제주도내 한 마을에서 한 편씩 마을을 특징할 신화 전설을 채록하여 연재함으로 마을의 얼과 미담을 되새기는 계기를 마련한다)을 약간 다듬어서 수록하였다. 이 책을 만들며 보완하는데 참고한 자료는 〈제주특별자치도청, 마을 홈페이지, 인터넷, "설문대신화에 나타난 교육이념 연구"(영남대학교대학원 박사학위논문, 2012), 『제주도』『제주도전설지』『제주도전설 2』『표해록』『남국의 전설』『남국의 민담』『남국의 설화』『제주도신화』『제주설화집성 1』『제주전설집』『제주전설집 1,2』『제주의 신화와 전설』『학교가 펴 낸 우리고장이야기』『애월읍역사문화지』『제주신화집 1』『한국구비문학 9-1,9-2』『제주도지』『이런 디 알암수과』『제주의 문화유산』『북제주군지명총람』『북제주군문화유적』『사진으로 보는 제주 역사 1, 2』『세계자연유산 제주 설화 관광지』『제주도 마을신앙』『제주의 문화재』『탐라사 Ⅱ』『제주민속유적』『제주의 문화유산』『북제주군비석총람』『제주의 오름』「항파두리 관련설화」(제주 항파두리 항몽유적지 학술조사 및 종합 기본정비 계획, 2002), 「제주문화유산 답사회」「한국참풍수지리학회」「제민일보」「한라일보」「장영주의 동화 속 이야기」「설화 발생 안내문」〉 등으로 제목만 열거 하였기에 후면의 스토리텔링에는 안내하지 못한 한계는 연구가가 집중 조명할 때 출처를 밝혀 주기 바란다.

셋째, 역사설화 중에 같은 제목의 설화도 여러 갈래의 내용이 전해 오면 그대로 실었다. 경우에 따라서는 한 설화가 두 마을에서 전해오는 경우도 있고, 제목이 약간 상이한 경우도 있는데 이는 구비문학의 특징상 화자와 청자(채록자)의 상황에 달라 달라지는 것이므로 웬만하면 그대로 수용하였다.

넷째, 내용별 목차 배열은 편의상 행정리 순서에 따랐다. 다만 이 책은 구비문화 자료이므로 광복 전후 당시의 마을 명을 기준으로 하고, 현재 행정리 26개리에 대한 옛 이름을 괄호( )에 넣었다. 이는 애월리, 곽지리, 모슬개(금성리), 도노미(봉성리 · 어도), 어음비(어음 1리, 어음 2리), 과납(납읍리), 고내리, 더럭(상가리, 하가리), 엄장이(신엄리 · 용흥, 중엄리, 구엄리), 귀일(하귀 1리, 하귀 2리, 상귀리), 물메(수산리), 소길리, 장전리, 유수암리, 항파두리(고성 1리, 고성 2리), 광령리(광령 1리, 광령 2리, 광령 3리) 등이다.

다섯째, 특별히 설문대이야기를 앞에 수록한 것은 '설문대여신(보통 설문대할망으로 알려졌는데 이 책에서는 설문대로 사용하였다)'은 제주도의 대표적인 설화(신화의 성격이 강하다고 본다)로 알려졌는데, 애월읍에는 설문대와 관련된 이야기 발생지가 제주도 내에서 가장 많이 분포되어 있고, 설문대에 대한 최초 기록이 애월읍 출신 장한철의 『표해록』 초닷새의 일기에 나오기에 이를 소개하고자 함이다.

이 책과 더불어 제주도 역사설화스토리텔링 설문대할망은 글쓴이가 1991년 출판한 『민족전래동화 6』을 표지갈이 했고, 영등할망은

1992년 출판한 『민족전래동화 8』을, 구슬할망은 1992년 출판한 『민족전래동화 9』를, 산방덕이는 1997년 출판한 『소원의 열쇠』를 표지갈이 하여 새롭게 선보이게 되었다.

　이번에 4편의 이야기를 선보이는 이유는 제목에 제주도 설화란 키워드가 들어가지 않아 오래전에 출판된 제주도 설화책(개인 출판으로는 진성기, 현용준, 현길언에 이어 네 번째이고, 채록본은 세 번째인 것 같다)이지만 온라인, 또는 문고 설화 검색에서 빠졌기에 이를 보완하여 누구나 쉽게 검색할 수 있게 함이다. 또한 2011년에 출판한 제주 전래동화 중국편, 동물편, 돌/물/산편, 남자편도 표지갈이를 하여 제주도 역사설화스토리텔링이란 전집을 만들 계획이다.

CONT

제주도
역사설화스토리텔링

애월읍 관내
주요 설화발생지

애월 조점의 의미 있는 해설

숙종 28년(1702) 11월 14일 이형상 목사는 애월진의 군기를 점검하고 「애월조점」에 숙박했다. 그림의 부기 내용을 보아 이 목사의 순력에는 제주판관 이태현, 조방장, 남해거 등이 배행했다. 점검 결과 애월진에는 성정군 2백 45명, 목자와 보인 1백 81명, 말 1천 40필이 있었다. 애월진 소속 봉수로는 고내, 연대로는 애월 연대와 남두연대가 있었다. 애월은 화북 조천 명월과 함께 각각 전함이 소속돼 있었는데, 그곳에 암초가 많아서 운용하기 어려워 지금은 모두 훼파했다고 이 목사는 기록했다. 순력도 하단에 배가 그려져 있어 이곳 애월진이 해군방어를 겸했음을 알 수 있다. 그림을 보면 성북 쪽에 객사가 있고 남동쪽에 군기고가 보인다. 당시 민가가 있었던 곳이 애월리로 표기돼 있는데 현재 무로동 당동네 서하동 부근이다. 사장터도 보이는데 이곳은 현재 동상동 벌언동네 부근이다. 흑우를 비롯하여 마소가 보이는데 이곳이 제주 동부지역에 비해 토질과 목초가 좋아 목마장으로 이용됐음을 알 수 있다.

이원진 『탐라지』에 따르면 애월은 제주에서 서쪽으로 40리에 위치해 있는데 삼별초가 관군을 방어하기 위해 쌓은 목성이 있었다 한다. 그 후 선조 14년(1581)에 목서 김태정이 포구 가까이에 석성을 쌓았다. 주위 2백 55보, 높이 16척이다(이원진의 탐라지에는 성둘레 5백 49척, 높이 8척이라고 기록되어 있다). 서·남쪽 성문에 초루가 있고 성내에는 객사와 군기고가 있다. 조방장 1인, 치총 2인, 방군 74명, 척후선 1척이 있었다고 기록되어 있다. 원래 애월목성은 항파두성의 서방 6리쯤에 있었는데 목책으로 축조된 것이 알려졌을 뿐 그 규모나 위치는 알려져 있지 않다. 이 애월목성은 항파두성과 함께 고려 원종 때 삼별초가 축조한 것으로 원종 14년 여몽연합군의 토벌에 의해 궤멸된 삼별초와 더불어 운명을 같이 했다. 애월목성의 위치에 대해선 지금도 논란이 있다. 지금의 수구미동산의 이름이 숙군지, 즉 군대가 숙박하던 곳에서 유래한다면 목성이 있었던 곳으로 추정할 수 있다는 것이다. 수구미동산 뒤로 지금도 잣질이 있는데 이도 목성이 있었을 가능성이 있다고 주장되는 근거이다.

다른 한편은 애월목성이 과오름이라는 주장이다. 과오름 모양이 마치 성곽처럼 생겼다는 점이다. 이는 과오름이 원래 곽오름에서 유래한다는 가정에서이다. 또 과오름 남쪽에 있는 납읍의 옛 이름이 곽납 즉 성 남쪽에 있는 마을이라든지, 곽지가 성곽을 받쳐주는 곳이라는 해석이 가능하다면 과오름일 가능성도 배제할 수 없다는 말도 있다. 애월이란 지명은 반달을 닮은 바닷가에 뜬 초승달을 보고 이름을 붙였다는 설과 애월을 둘러싸고 있는 지형이 반달모양이라는 데서 비롯됐다는 이야기 등이다(김오순, 『탐라순력도산책』 2001와 탐라순력도 재해석 2014 참고).

설화(設話)의 의미 있는 해설

설화는 일정한 구조를 가진 꾸며낸 이야기이다. 그러므로 역사적인 이야기나 현재적인 사실을 말하는 것은 설화가 아니다. 설화는 구전되므로 소설과 구별된다. 따라서 설화는 구전에 적합한 단순하고 간편한 표현 형식을 가지며 소설과 같은 복잡한 구조나 상세한 묘사가 없다.

설화는 산문을 취한다. 서사 문학 장르 중 민요, 판소리 등이 보통 운문으로 구연되는 데 반해 설화가 율격을 가지지 않는 것은 장르의 특징이 있기 때문이다. 설화의 구연상의 특징은 구연 기회의 제한을 받지 않는다는 것이다. 언제 어디서나 화자와 청자 간의 이야기 할 수 있는 분위기만 이루어지면 설화는 구연된다. 민요는 청자가 없이도 스스로 즐기기 위해 불리지만 설화는 반드시 상대를 의식하고 상대편의 반응을 관찰하며 구연되는 것이다.

설화는 보통 신화(神話), 전설(傳說), 민담(民譚)으로 나뉘는데, 전승자의 태도에서 분류하면 다음과 같다.

신화의 전승자는 진실하고 신성하다고 인식하고 있다. 일상적인 경험에 비추어 보아서 꾸며 낸 이야기라고 생각하면서도 일상적 경험이나 합리성을 넘어서 존재한다고 믿고 그 진실성과 신성성을 의심하지 않는 것이다. 예를 들면 단군신화는 개천절 행사와 함께 국조로서 신성시하는 단군의 유래로 진실로 인식된다.

전설은 전승자가 신성하다고 생각하지는 않으나 진실하다고 믿고 실제로 있었다고 주장하는 이야기이다. 전설의 내용은 일상적인 경험의 세계에서 그 진실성이 의심되는 것이 대부분이지만 그러한 의심을 제거하기 위해서 증거물을 반드시 제시하는 것이다.

　민담은 전승자가 진실하다거나 신성하다고 생각하지 않는다. 민담은 오직 흥미를 주기 위하여 지어낸 이야기임을 화자는 알고 있는 것이다.

　설화는 시간과 장소에서 다른 특징을 지닌다.

　신화는 아득한 옛날 일상적인 경험으로 측정할 수 있는 범위를 넘어선 태초에 일어난 일이고 특별히 신성시하는 장소를 무대로 삼는다. 단군신화의 태백산이나 그리스신화의 올림퍼스산 등이 신성한 장소의 좋은 예이다.

　전설은 제한된 시간과 장소를 갖는다. 구체적인 시간과 장소의 제시는 전설이 진실성을 뒷받침해 주는 구실을 한다.

　민담은 뚜렷한 시간과 장소가 없다. 서사적인 과거와 막연한 장소가 화자와 청자의 직접적인 경험과는 무관하게 작품 세계의 배경일 뿐이다.

　설화는 증거물에서도 다른 특징을 지닌다.

　신화의 증거물은 매우 포괄적이다. 천지창조 신화라면 천지가 증거물이고, 국조신화라면 국가가 바로 증거물이다.

　전설의 증거물은 특정한 개별적인 것이다. 바위라든가 고개라든가 다른 것과는 구별되는 특징을 가지는 유일물이 제시된다.

　민담은 아무런 증거물도 없다. 증거물이 있다고 해도 그것은 널리 존재할 수 있는 현상으로써 그 현상이 설명의 목적이 아니고 흥미를 끌기 위해서 첨부한 것에 불과하다.

설화는 주인공이나 그 행위에도 다른 특징을 지닌다.

신화의 주인공은 신이며 그의 행위는 신적인 것이다. 신이란 인간보다 탁월한 능력을 가지고 인간이 숭앙하는 존재로써 신의 행위는 곧 신의 능력 발휘와 신의 관점에서 인간을 대하는 것이다.

전설의 주인공은 인간이되 그 행위는 평범한 인간의 행위가 아니다. 대개의 경우 전설의 주인공은 특수한 상황 에서 예기치 않았던 관계를 수행하며 이를 성공적으로 극복하지 못하는 경향이 있다.

민담의 주인공은 평범한 인간이며 그의 행위는 인간 사회 어디서나 볼 수 있는 것으로 주인공은 많은 난관에 봉착하나 이것을 극복하여 운명을 개척해 나간다.

설화는 전승의 범위에서도 다른 특징을 지닌다.

신화는 민족적인 범위에서 전승된다. 즉 민족적 범위에서 진실성과 신성성이 인정되며 한 민족의 신화는 다른 것과 많은 유사성이 있다 하더라도 다른 민족에게는 신화로 인정되지 않는다.

전설은 증거물의 성격상 대체로 지역적인 범위를 갖는다. 증거물이 전국적으로 알려진 것이면 전국적인 전설이 되나 실은 대부분 지역에서만 알려진 것이기에 지역 전설의 특징을 갖는다. 지역의 전설은 그 지역에 거주하는 사람들에게 알려져 지역 사람들 간에 유대감을 가지게 해주는 구실을 한다.

민담은 지역적인 유형이나 민중적인 유형은 있어도 어느 지역이

나 민족으로 한정하지 않는다. 공통적인 것이 아니라 개인적으로 이루어지며 분포는 세계적이라 할 수 있다. 한 민족 누구에게나 조금만 흥미를 가하면 민담이 된다.

이상의 내용을 종합해 보면 설화는 원칙적으로 구비문학이기 때문에 구전(口傳)되므로 유동적이며 항상 현대의 것이다. 그런데 구전되는 과정에서 기록화가 있어 왔다. 이때 기록된 자료를 문헌설화라고 하며 이에 대하여 현재 구승되는 자료를 구전설화라고 칭한다.

설화의 기록화는 오래 전부터 진행되어 왔는데 『삼국사기』 『삼국유사』 『수이전』에 삼국시대의 설화가 들어 있다. 조선시대에 들어와서 『필기』 『잡록』 등에서 기록된 설화가 보인다. 그런데 설화를 기록하는 과정에서 기록자의 의도가 들어가기 마련인데 이때는 창의성이 더욱 적극적으로 반영되므로 이렇게 기록된 설화는 곧 소설로 나타나게 된다(『국어국문학사전』 서울대학교동아문화연구소편, 신구문화사, 1989.).

앞에서 설명한 설화의 제 특징을 참조하여 글쓴이는 설문대여신(할망)이 설화의 어떤 요소를 지니고 있는지를 분석해 보았다.

• 설문대 이야기는 전승자의 태도에서 탐라를 창조했다고 보면 국조신화로 볼 수 있고, 한라산과 산방산의 역학 관계로 보면 전설적 요소가 가미되었다. 또한 설문대하르방을 만나 고기를 잡는 장면에서는 민담의 요소를 간직하고 있다.

- 시간과 장소에서 보면 탐라국이 형성되기 전의 일로 한라산을 창조했다는 것에서는 신화의 요소가 있고, 범섬에 있는 구멍이 설문대 발가락이라는 이야기는 전설적 요소인데, 설문대가 오줌을 눠 우도가 생겼다는 점에서는 민담의 성격을 갖는다.
- 증거물에서 보면 탐라 창조가 곧 신화적 요소이고 한라산의 둘레와 산방산의 두레가 같고 깊이와 높이가 같다는 데에서는 전설적 요소로 볼 수 있다. 한편 용연에서는 발등까지밖에 물이 차지 않았다는 이야기, 물장오리에 빠져 죽었다는 데에서는 민담 수준이다.
- 주인공의 행위로 보면 설문대는 옥황상제의 딸(공주)로 당연히 신격화되므로 신화에 속하며, 속옷을 만들어 주면 다리를 놓아 주겠다는 정담에 이르러서는 전설적 요소가 튀어 나온다. 한편 아들을 낳고 싶어 미륵불에 가서 인간처럼 조그만 소망을 빌어 5백 명의 아들을 낳았다는 장면에는 민담의 수준을 벗어나지 못한다.
- 전승의 범위에서 보면 다른 지방에서는 존재하지 않는 한라산과 360여개의 오름을 창조하는 신화적인 요소가 있다. 솟바리(설문대가 밥을 지을 때 솥을 걸어 놓는 돌 세 개)설화는 일상생활과 밀접한 인간성을 가진 모습으로 다가 올 때는 전설적인 요소이며, 공깃돌(설문대가 놀이를 했다는 큰 돌맹이 다섯 개)설화에서 돌맹이를 바다에 던지니 섬이 되었다는 면에서는 민담 수준으로 회귀하는 현상을 목격할 수가 있다.

설화의 일반적 특징에 설문대 이야기를 엮어 보면, 설문대는 설화의 가장 보편적인 요소를 갖는 형태로 볼 수 있으나 굳이 세 유형 중 하나를 택하라면 신으로 내려와 천지를 구분하여 탐라를 창조하고 한라산과 섬, 오름 등 자연물을 창조했다는 데서 신화적 요소를 더 많이 내포하는 관계로 창조 신화로 규정할 수 있다. 따라서 창조 신화의 개념을 설문대여신(할망)에 접목하여 보면 설문대는 옥황상제의 딸로 탄생–천하세계로 내려옴–설문대하르방과 혼인–오백 아들 순산–인간 세계와 융합–사후 이적 등의 생애담으로 구성되어 있다.

한국의 신화 중에는 신화와 전설의 복합 유형이 있다. 이는 한국 신화가 우주론적 또는 종교 제의적 기능보다는 사회적 기능을 더 많이 가지고 있다고 볼 때 설문대 신화도 이 범주를 크게 벗어나지 않는다. 즉, 주인공의 행위가 초시간적 초공간성을 갖기에 지상 세계에만 국한되지 않는다. 단군이 천세생존이나 설문대가 천궁에서 태어났다는 것이 이를 뒷받침한다. 또한 인물에 대한 신비의 분위가 묻어난다. 설문대가 잠든 곳(영실)에서 소리 내지 않으려는 것(조심하지 않으면 비가 내린다)과 인간의 소원을 들어 주는 신성함(다리를 육지까지 놓아 주겠다는)을 몸소 실천하기에 설문대 신화는 제주 설화의 대표라 할 수 있으며, 창조 설화에 해당된다.

설문대 신화는 신화적 상상력과 진정성이 있으며 제주가 신화의 섬이라는 브랜드를 확보하는 데 활용할 수 있다. 설문대 관련 이야기는 지금도 전승되고 있어서 제주의 문화자원으로 가치가 높기에 문화 콘텐츠화할 필요가 있다. 설문대 스토리텔링 구상, 문화상품 제작과 홍보를 통한 인물 콘텐츠 확보, 설문대 신화를 활용한 문화관광사업 추진, 설문대 신화 브랜드 관련 상품 등록, 신화캐릭터상품 발굴 등이 필요하다. (이창식, "설문대할망의 신화적 상상력과 문화콘텐츠", 온지학회, 온지논총 30권, 한국학술정보, 2012; 장영주, "설문대신화에 나타난교육이념 연구", 영남대학교 박사학위논문, 2012).

스토리텔링(Storytelling)의 의미 있는 해설

스토리텔링은 스토리(story)와 텔링(telling)의 합성어를 가리킨다. 스토리텔링은 나의 이야기를 상대방에게 재미있고 설득력 있게 전달하는 것으로 설화 스토리텔링을 기본으로 하여 마케팅, 관광 등에 많이 적용되고 있다.

마케팅, 관광 스토리텔링은 상상력으로 되살아나서 원 소스 멀티유즈(One Sourece Multi Use)를 실현하는 자원으로 거듭날 수 있어야 한다. 그러나 스토리텔링은 마냥 흥미 있는 이야깃거리로만 치부해선안 된다. 역사성도 있고 생활 근접성도 있어야 하므로 몇 가지 조건이 있다.

첫째, 진실해야 한다. 사실에 근거하지 않은 스토리텔링은 허무

맹랑한 민담 수준으로 끝난다. 처음에는 호기심이 생겨날는지 몰라도 시간이 지나면 효과가 반감된다.

둘째, 공감적 반응이 있어야 한다. 스토리텔링은 대중들이 받아들였을 때 살아 있는 생물이 된다. 스토리텔링은 움직여야 제 맛을 낸다.

셋째, 경험을 제공해 주어야 한다. 고기를 잡아 주면 한 끼가 해결되는데, 고기 잡는 방법을 가르쳐 주면 평생을 먹고 산다지 않는가? 스토리텔링은 후자에 해당되므로, 경험과 같이 스토리텔링의 생명력은 무한하다.

넷째, 접근성이 좋아야 한다. 설화 스토리텔링이 대표 격이다. 설화를 통해 세계의 스토리텔링을 이해하는 지름길이 될 수 있다. 설화에는 유머와 위트, 슬기와 지혜, 사랑과 열정이 들어 있다.

다섯째, 대중들에게 꿈을 심어 주어야 한다. 스토리텔링의 궁극적인 목적은 흥미 속에 관심, 관심 속에 경험, 경험 속에 희망을 주는 것이다. 나도 할 수 있다는 희망은 브랜드가 된다.

과거 구전된 스토리는 상업화되지 못했지만 텍스트로 기록된 소설은 상품화되어 독자들에게 많은 사랑을 받아 왔다. 그러나 최근

들어 영상, 음악, 무대 등과 합해지면서 만들어진 영화, 애니메이션, 공연 등도 대중문화 스토리텔링으로 크게 발전하였다. 앞으로는 다양한 분야에서 사용되는 스토리텔링이 생겨날 것이다.

우리나라에서도 스토리텔링 작가들이 전통문화에서 소재를 찾는 시도가 보인다. 스토리텔링은 이제 산업을 움직이는 거대한 잠재력을 갖고 있다. 참고로 간단한 스토리텔링의 예를 소개하겠다.

「• 설문대 스토리텔링: 설문대 신화는 탐라를 창조한 이야기가 들어 있다. 설문대는 '옥황상제의 딸로 탄생-천하세계로 내려옴-설문대하르방과 혼인-오백아들 순산-인간 세계와 융합-사후 이적' 등의 화소가 있다. 설문대는 섭지코지(서귀포시 성산읍 신양리 바닷가에 있다)에서 설문대 하르방을 만나 사랑하고 결혼에 이른다.

- 앞에서 수정했음.

• 삼승할망 스토리텔링: 석함이 물 아래로 삼 년, 물 위로도 삼 년을 떠다니다가 바다 위로 떠올랐다. 석함을 여니 처녀가 앉아 있었다. 처녀는 혼인하고 임신했으나 해산(아기가 태어나는 것)하는 방법을 몰라 아기와 임산부가 죽게 생겼다. 이를 본 옥황상제는 생불왕을 보내 해산날에 산모의 몸이 열리면 열두 궁의 문(陰門)을 열어 해산시키라고 했다. 옥황상제의 명령대로 생불왕이 해산시키니 무사히 순산하게 되었다. 이 여신이 삼승할망이다.

• 영등할망 스토리텔링: 영등할망의 시체는 네 쪽으로 찢겨져 각 처로 떠내려갔다. 그 후 영등할망의 영혼을 달래주는 제사를 지내니 해상의 사고를

막을 수 있었고, 미역이나 해산물도 풍년이 들었다.

- 자청비 설화 스토리텔링: "도련님, 물에 체하면 약도 없음을 모르시옵니까? 천천히 마시도록 함이었으니 용서하소서." 이런 인연으로 두 사람은 사랑하게 되었고, 이승과 저승을 넘나들면서 온갖 시련을 겪는다. 두 사람은 결혼을 하고 이웃나라의 전쟁을 도와준 대가로 오곡 씨앗을 갖고 지상으로 내려온다. 이때부터 자청비는 농경신으로 불리게 되었다.

- 천지신 설화 스토리텔링: 어려움을 눈치 챈 하늘의 신은 땅에 내려 와 형 대별왕에게 두 개의 해 중 앞의 것은 남기고 뒤의 것을 쏘아 해 하나를 만들라 했다. 동생인 소별왕에게 두 개의 달 중 앞의 것은 남기고 뒤의 것을 쏘아 달 하나를 만들라 하니 이 세상은 해와 달이 하나씩 남게 되니 정상적인 세계가 되었다.」

스토리텔링의 재발견은 제주 설화(탐라 창조신화, 제주 창조신화 등)를 관광자원화할 때 설화 스토리텔링의 참 묘미가 나타난다.

흥미 있는 이야기로 구성된 관광스토리텔링은 놀라움을 제공해서 기억하기가 훨씬 쉬워지는 효과가 있다. 또한 스토리텔링을 담은 상품은 기·승·전·결의 구조를 갖고 있어서 짜임새가 돋보인다. 관광 분야에서 스토리텔링의 활용이 부각되고 있다.

애월읍 팔경의 의미 있는 해설

애월읍 경내에서 가장 풍광이 뛰어난 명승지로 고른 팔경(八景)과 또 찾아가 볼 만한 곳으로 팔관(八觀)이 있다. 이는 김찬흡(2011)의 『제주애월읍명감』에 잘 소개되어 있다. 신우팔경(新右八景)은 다음과 같다.

「• 한담석경(漢潭夕景): 애월리 '한담-마을'에서 바라보는 저녁노을, 해질 무렵 멀리 '비양도-섬', '진질-코지' 앞 바다에 비친 저녁노을의 환영(幻影)은 미(美)의 극치다. 주변의 볼 만한 곳은 '올랫길-17코스'로 이어지는 '갯갓길', '장한철-집터', '한담-소공원', '가린돌-바다' 등이다.

• 장사한욕(長沙夏浴): 곽지리 해변 '진-모살' 백사장에서 펼치는 여름철 물놀이는 길손이 기대하는 명소이고, 멸치잡이는 가관이었다. 주변의 볼 만한 곳은 '과물-물맞이', '아라가와-집터', '김천덕-열녀비', '해수욕-놀이', '과오름-등산', '남당-물맞이', '금성교회' 등이다.

• 신악야화(晨岳野火): 봉성리 '새별-오름'에서 벌어지는 정월 보름날의 들불축제, 오름 남쪽 들판은 최 영(崔 瑩) 장군이 목호를 물리친 전승지, 조선시대의 유명 수렵장, 일제강점기 일본군 주둔처, 이어 제주4·3사건 당시 무장대 훈련처, 제1 훈련소 숙영지(宿營地), '몽고마-곡예장', '바라미-등산', '도축장-고기맛' 등이다.

• 녹고산행(鹿高山行): 애월읍 관내의 여러 산봉우리 가운데 정취와 형세가 가장 뛰어나 산행하는 등산객이 많이 몰린다. 남쪽에서 한라산을 멀리 보

며 중간의 '노로-오름'의 북쪽 '홈' 일대의 수해(樹海)는 그만이다. 유수암과 소길 양 리의 들판에서 벌어지는 경마의 질주, 유수암리의 '족은-놉고미'와 소길리의 '큰-놉고미' 산자락의 산세와 지형은 볼 만하다. 이곳 경마장 시설과 주변 '경마-공원' 유원지와, 근처에 '광제원(光霽院)-원터', '홍의녀(洪義女)-묘비', '건승언(乾承原)', '모남-돌', '金비장-터', '절-터' 등이다.

- 남두조대(南頭釣臺): 신엄 · 구엄리의 바닷가, 신엄리 '남두-연대'의 바로 밑, 제주시내와 가까워 낚시꾼들이 몰려오며, 구엄리 '소금-빌레'와 바닷가 먹돌의 멋, 주변에는 '도대-불', '당거리동네-말방아', '마두령', '볼레낭-기정', '석지-와당', '오성-돌', '박씨삼정려비각(朴氏三旌閣碑閣)' 등이다.

- 토성춘광(土城春光): 상귀와 고성 양 리 '항바두리' 항몽유적지 일대의 토성과 주변 들판의 푸릿푸릿한 봄철에 나그네를 유혹, 인근에 설치한 농진원의 묘포장, 유적지 '돌-탑', '장수-물', '짐수-못', '고려식-방묘(方墓)', '대궐-터', '항바두리-고분군(古墳群)', '항몽유적지-전시관' 등이다.

- 무수추곡(無愁秋谷): 광령리 '무수(無愁)-내' 골짜기의 기암절벽과 냇가의 방곡추경(方谷秋景)이야말로 무수무심의 선경이자 불심을 자아낸다. '무수-내'의 동쪽은 본시 제주시 외도, 도근, 해안리, 내 서쪽에 '효자-정려비', '계곡', '배한이-저수지', '광령-지석묘', '광령-팔경', '서천암-절터' 등이다.

- 천백설화(千百雪花): 광령리의 한라산 자락을 지나는 4.9㎞(1,100도

로)의 길가에 핀 군송이, 특히 1950m의 한라산 정상 서벽 90m(광령)의 설화산(雪花山) 자락을 바라보는 일출은 명품 중의 장관, 천백도로 주변의 '초낭-오름', '민데가리-오름' 등의 설경, '치도-내', '아(Y)-계곡', '골-머리', '람사르-습지' 등이 있다.」

『표해록』에 나오는 설문대 신화

장영주(한국교육철학회 '생성신화로서 설문대신화' 2011)에 의하면 설문대 신화는 탐라를 창조한 신화로 보았는데 장한철의 『표해록』(1771) 「초닷새 일기」를 보면 설문대 신화를 추측할 수 있는 내용이 있다.

「해가 뜰 무렵, 큰 산이 보인다. 동북쪽에 있다. 바로 한라산이다. 보기엔 먼 것 같지 않지만 한라산은 가까이 있는 것이 아니다. 대저 하늘에 비올 기색이 있으면 바다 위에 보이는 산도 모두 가까운 데 있는 것처럼 보이기 때문이다. 우리 표류하던 일행은 문득 한라산을 가까이 눈앞에 보고는 기쁨이 지나쳐 저도 모르게 목을 놓아 호곡한다. "슬프다. 부모님이 저 산봉우리에 올라가 보셨겠지. 처자들이 저 산에 올라가 기다렸겠지." 혹은 일어나 한라산을 보고 절하며 축원한다. "백록선자님, 살려주소. 살려주소. 선마선파님, 살려주소. 살려주소." 대저 탐라 사람에게는 세간에서 전하기를 선옹이 흰 사슴을 타고 한라산 위에서 놀았다 하고, 또한 아득한 옛날에 선마고가 걸어서 서해를 건너와서 한라산에서 놀았다(정병욱 옮김, 1979: 79).」

윗글에서 알 수 있듯이 뱃사람들이 백록선자/선마선파(설문대)에게 살려 달라고 기원하는 내용을 보더라도 오래전부터 제주 사람들은 설문대 여신의 존재를 인식했다고 볼 수 있다. 또한 신에게 전적으로 의탁하여 살려달라는 간절한 호소 장면을 보면 설문대는 제주도를 지켜 주는 수호신이었음을 짐작케 한다.

『표해록』의 저자 장한철은 제주시 애월읍 한담 출신이다. 우연의 일치인지는 몰라도 애월읍 한담 인근 마을에는 설문대 신화 관련 내용들이 다른 마을보다 많이 분포되어 있다. 설문대가 밥을 지어 먹던 솥발이, 쌀을 씻었던 하물, 선비의 꿈을 키웠던 문필봉(외솥발이라고도 한다), 소로기통 앞에 있는 해산물을 삶던 솥발이 자리, 설문대가 갖고 놀았던 공깃돌(현재 애월초등학교 현관, 구 애월읍 사무소 뜰, 경작지에 각 1개씩 있는 것, 한담 포구 앞 듬돌, 애월리 개인집 듬돌을 합해 공깃돌이라 칭하고자 한다), 하귀1리에 있는 도릿밭(설문대가 다리를 놓았다. 또는 다리가 나왔다는 뜻으로 모습이 뱀과 같기에 배염줄이라고도 한다), 하가리 길가에 모형 설문대 공깃돌 등이 있다.

그런데 실제로 애월할망(설문대를 신봉하던 '애월할망'은 일제강점기까지 이 마을에 살았던 할머니를 가리킨다)이라는 설문대의 손녀(또는 딸)라 일컫는 사람이 있었다. 애월할망은 설문대의 실제를 믿었던 듯하다. 이 할망의 신기한 행동을 들여다보면 어떤 때는 광목으로 30m나 되는 큰 버선을 만들고 다니며 "설문대할망이 오면 신기겠다."고 장담하며 다녔다. 이 할망은 새로운 문명이 들어오는 것을 싫어해서 여자들이 파마를 하면 욕을 하고 야단을 쳤으며 "설문대할망을 믿지 않으

면 세상이 망한다."고 외치고 다녔다 한다(애월리 홈페이지 참조). 김시
겸(남, 1949년생, 금성리 출신)은 애월할망의 설문대에 대한 믿음을 인정
하고 그 사실을 전해주었다(채록된 원고는 글쓴이가 따로 보관해 두었다).

장영주의 위대한 창조 이야기

설문대 여신은 큰 키, 센 힘, 신비한 신통력을 이용하여 생물권 보
전지역, 물영아리오름습지, 물장오리습지, 동백동산습지, 한라산
1100고지습지, 숨은물뱅듸습지, 세계지질공원, 세계자연유산, 세
계무형문화유산, 세계 7대 자연경관 등 제주도의 자연을 만들었다.

세계 유일의 9관왕 탐라를 생성하여 환경을 사랑하게 하고 산, 오
름, 굴, 섬, 지하수, 들, 숲, 돌, 물, 바다, 고기, 전복, 해녀 등 모
든 걸 관장하는 장대한 위상이며, 인간들과 동고동락하여 바다를
향한 꿈과 도전은 우리 곁에 언제나 살아 있어라!

새로운 생명의 씨앗을 바다에 뿌려 주고, 허허벌판 세찬 바람 이
겨 내는 돌담, 올레, 바닷길, 오름길 만들어 살아 있는 것 번성하
게 함이니, 비록 죽을 쑤다 죽어 자식들의 양식이 되었다지만 그건
죽음이 아니다. 재창조의 기반이어라. 대지의 꿈을 이루는 모성이
어라.

탐라 생성의 천년 침묵은 신화를 만들고 천지개벽은 인간의 탄생
을 알림이니, 아! 설문대여신이여! 일어나라. 다시 깨어나 제주도

를 보라. 그대가 만들어 세계 어디에 내 놔도 최고임을 자랑하는 위대성, 창조성을⋯⋯.

한라산이 보고 싶지 않은가? 백록담 물 들이키며 속 달래고 싶지 않은가? 천년동굴에 들어가 신비함을 맛보고 싶지 않은가?

한모살 당캐에 그대 위한 당신 세웠으니 좌정하라. 칠머리당영등 굿을 세계무형문화유산에 등재한 신화를 살려 내라. 세상사 파괴와 범죄와 살생과 시기를 멀리하고 절약 협동과 배려가 풍성한 곳, 그대 원했던 염원을 다시 일깨워라.

인간이 신화를 만들기는 하였지만 그 신화의 힘, 저력, 가능성, 신비성, 괴력은 새로운 정신문화를 창조하는 밑거름이여! 다시 이르노니, 설문대여신이여! 당당히 일어나라!

초라함, 움츠림, 조바심 다 던져 버리고 사랑과 믿음과 용서로 탐라의 정체성을 되찾는 세계의 등불, 찬란한 문화를 꽃피울 위대한 창조력을 발휘하여 다시 한 번 그대의 저력 꽃 피우라.

해여 떠오르라. 설문대여신의 얼굴 가리지 말고. 안개여 가면을 벗어라.

바다 타는 섬, 바람 부는 섬, 위대한 창조의 섬, 이것은 살아 있는 신화요, 지상 최고의 경관이며, 지상 최대의 걸작을 만든 설문대여신의 제주 사랑이어라.

그리스 · 로마신화가 그리 장대하더냐? 설문대 신화 또한 장대함이야 세계 어느 신화에도 뒤지지 않으리라.

충효 박 씨

애월리 설화이다.

조선시대 숙종 당시 애월 마을에는 글재주가 좋고 나라에 충성심과 부모에 대한 효심이 지극했던 박 씨 성의 사람이 살고 있었다.

그러던 어느 날 박 씨에게는 뜻밖의 사실이 전해온다. 숙종 임금이 승하했다는 것이다.

나라에 대한 충성심이 남달랐던 박 씨는 비통해 마지않는다. 그대로 있을 수 없다고 생각한 박 씨는 그 길로 임금의 능을 자신의 손으로 쌓겠다며 인부 30명을 이끌고 한양으로 올라간다.

임금의 능을 누구보다도 열심히 쌓는 모습은 곧 관리들의 귀에 들어가고, 임금을 향한 변함없는 박 씨의 충성심은 곧바로 조정에 알려지게 된다.

한양 사람들도 바다 건너 왔다는 사실 하나만으로도 가히 충성심을 엿볼 수 있는데, 능을 쌓기 위해 인부들까지 이끌고 온 박 씨를 칭찬하며 그의 얼굴을 보기 위해 하루에도 수백 명씩 임금의 능을 쌓는 현장을 찾는다.

어느 덧 시간은 흘러 능을 모두 쌓고 임무를 마친 박 씨는 수고했다는 한양 사람들에게 인사를 마치고 고향 제주로 발길을 돌린다.

그런데 이게 웬일인가? 섬 하나 보이지 않는 망망대해에 이르자 박 씨가 탄 배는 강풍을 만나고 결국 배는 침몰하게 된다.

이 모습을 지켜보던 박 씨는 모든 것을 체념하고 나무 조각 하나를 집어 들고 손가락을 입으로 깨물어 '나라의 안녕과 부모에게 효심을 다 못해 먼저 떠나는 불효의 글귀'를 혈서로 새긴다.

박 씨는 배와 함께 유명을 달리하고, 박 씨가 마지막으로 나뭇조각에 쓴 혈서는 파도에 밀려 박 씨의 죽음을 안타까워하는 하늘의 뜻인지 박 씨의 고향 애월 앞바다까지 흘러온다.

그리고는 아침마다 바다에 나가 물을 길러오는 박 씨의 아내 눈에 띄게 되고 그때서야 고향집에서는 박 씨가 죽었다는 사실을 알게 된다.

이 사실은 곧 조정으로도 알려지게 되는데, 조정에서는 박 씨의 남다른 충성심과 부모에 대한 효성을 기려 '충효 박씨 정문'을 내린다.

장한철 대정 현감

장한철은 애월읍 한담 사람으로 『표해록』의 저자이다. 조선시대 정조 12년 2월 대정 현감으로 부임하였다가 이듬해 이임하였다. 다음은 전설로 전하는 장한철에 관한 이야기이다.

「장한철이 배를 탔다가 표류하여 유리국으로 떠내려갔다. 그동안 그는 표류한 사실을 일기로 기록하여 '표류기'를 썼다. 장한철이 유리국에 표착했으나 반가이 맞아주는 사람이 없었다. 왜냐하면 유리국 황태자가 탐라국에 표류했을 대 어떤 불행한 일이 있어 거기서 죽어 버린 사건 때문이었다. 그래서 유리국은 탐라국을 적국처럼 여기고 있었다. 그런 마당에 유리국에 표착했으니 유리국에서는 적국 탐라의 백성들이라 해서 죽여 버리려고 했다. 그러나 차마 그냥 죽이진 못하고 손발을 똑똑 묶어 바다로 쫓아 버렸다. 장한철 일행은 다시 바다를 떠다니다가 상선을 만나게 되었다. 상선에는 통역으로 중국 사람을 보냈다. 장한철은 한문으로 중국통역과 필담을 해서, "우리는 제주 사람들인데 표류를 당해서 여기까지 왔다. 유리국에 표착했었으나 그 백성들한테 이렇게 당해서 다시 바다를 떠다니고 있다." 라고 사정을 밝혔다. 상선은 장한철이 탄 배를 제주 부근까지 끌어다 주었다. 장한철 일행은 한라산을 바라보며 노를 저어 제주도로 무사히 돌아왔다.」

간신히 목숨을 건진 장한철은 그 후 과거를 보러 서울로 올라갔다. 과거에 낙방하여 고향에 온 장한철은 애월 집에서 소일하며 지내다 나중에 과거에 합격하여 대정 현감을 지냈다. 유리국에 표착했다는 말은 약간의 수정이 필요한 것 같다(장영주의 『표해록』에 자세한 역사적 연보를 기술하였으니 참고 바란다).

장한철 산책로 표지석이 한담 마을에 세워졌다. 그 내용은 다음과 같다.

「이 곳 한담 마을에서 인동 장 씨 입도 7세손으로 태어난 장한철은 조선 영조시대인 1770년 12월 25일 과거시험을 보기 위해 배를 타고 가다 풍랑을 만나 류큐제도(오키나와)에 표착한 뒤 한양을 거쳐 귀향할 때까지의 일들을 적은 표해록을 썼다. 표해록은 해양문학의 백미로, 사료로써의 가치는 물론 문학적 가치를 인정받아 제주도 유형문화재 제27호로 지정 되었다. 자랑스러운 역사를 널리 알리고 선생의 명망과 지역을 사랑하는 마음을 기리고자 지역 원로와 애월리민들의 뜻을 함께 모아 이 길을 한담마을 장한철 산책로 명하고 표지석을 세운다. 2013년 애월 읍장 이용화」

한담 마을 장한철 산책로는 2013년 12월 25일 세워졌다. 당시 이 길은 「한담 마을 해안 산책로」로 명명되고 있었으나(지금도 한담 해안 산책로 불린다) 표해록을 쓴 장한철 생가가 바로 옆 주변이고 이 생가는 2억여 원을 투입하여 매입함으로써 장한철 산책로라 명하고 생가를 복원하여 해양문학 창작실로 활용할 계획이 있으므로, 장한철 산책로라 명명한 것 등(원래 이름을 불러야 타당하다는 점, 곽지 과물 해변 산책로와 겹친다는 점, 류큐제도에 표착하여를 표류하여로 수정해야 할 점, 위치가 해안 절경을 가린다는 점) 일부 수정할 부분이 있고, 곽지 과물 해변 산책로(역사성이 있는 명칭으로 재확인 작업 필요)에는 별도 상징물을 설치하는(사진 찍는 곳 표시) 등 조정이 필요하다. 이 장한철 산책로는 애월읍에서 예산 9백8십만 원을 들여 장영주(설화 전문가)의 도안(장한철의 표해록 책 모형)과 해설로 장한철 일행이 출항(표해록에는 출항지가 나타나 있지 않으나 장영주의 『표해록』에는 그 근거를 찾아 조천포구라 정리하였다)한 12월 25일을 기념하고자 함이다.

탑 앚인 밭과 날아간 비둘기

옛날 애월읍사무소 정문 쪽에 하마비가 서 있었다. 이 하마비에는 「司令以下下馬」라고 새겨져 있어서 사령 이하 사람들은 모두 말에서 내려 걸어가야만 했다(하마비에 대한 설화는 여러 곳에서 나타난다. 관덕정 앞에도 있다).

그런데 어느 날 스님 차림의 사람이 말을 탄 채 이 하마비 앞을 지나 애월진 가까이까지 다가왔기 때문에 진졸과 마을 사람들이 합세하여 중을 말에서 끌어내렸다.

"고얀 놈, 여기가 어디라고 말을 타고 지나가려 하느냐. 이놈!"

그러자 중은 태연하게 대답했다.

"예. 소승이 몰라 뵙고 죽을죄를 지었소. 그러나 내가 이 마을이 잘되게 할 묘책을 알려드릴 터이오니 한번만 용서하여 주시오."

"그 묘책이란 게 뭐더냐?"

마을 사람들은 귀가 번쩍해서 대들었다.

"예. 저기 과오름 앞에 있는 서쪽 탑을 헐어버리면 마을이 번창할 것이오."

스님은 태연하게 대답하고 위기를 모면하여 갈 길을 가버렸다.

스님이 가버리자 마음이 급해진 마을 사람들은 탑 앚은 밭에 있는 탑의 밑동을 치자 우르르 탑이 무너지며 거기서 세 마리의 비둘기가 피를 흘리며 나와 한 마리는 어도 쪽으로 날아가고 한 마리는 상가, 한 마리는 애월항 거욱대코지 쪽으로 날아가 버렸다.

그래서 이 탑이 허물어진 때부터 애월에는 불이 많이 나고, 불이 나면 바람을 타고 줄불이 붙어서 상애월은 폐촌이 되어 버렸다 한다.

일명 설문대할망 공깃돌

지금 애월중학교의 길 남쪽에 개당이 있고 개당 서녘 밭에 바윗돌 세 개가 품(品)자 모양으로 앉아 있어 이 밭을 「큰 돌 선밭」이라고 부른다. 그런데 전해오는 바로는 이 마을에 대단히 큰 장군이 있어 이 장군이 이 바위들을 공깃돌로 사용하던 것이라 한다. 지금은 50톤쯤 무게가 나가는 가장 큰 돌 위에 송악넝쿨이 우거져 있지만 과거 넝쿨이 덮이기 전에는 길에서 그 바위 위에 돌을 던져서 올라가 떨어지지 않으면 재수가 좋다고 지나가던 아이들이 돌 던지기 장난들을 하곤 했다. 지금은 원래 밭에 한 개가 있고 애월초등학교와 구 애월읍사무소 뜰에 옮겨 놓아 관리를 하고 있다. 사람들은 이 큰 돌을 장군석이라 부르기도 한다.

큰 돌 선 밭

애월초등학교 운동장에서 남쪽으로 약 200m 지점 길가 밭에 품

자형 큰 돌 세 개가 있는데 사람들이 지나가다 돌을 던져 큰 돌 위에 앉으면 그날 재수가 좋다하여 돌을 던지며 소원성취를 기원하였다. 이 돌에 전해오는 전설로 대석 지하에 일대천손 지지가 있다고 전해온다.

설문대할망을 신봉하던 '애월할망'

애월할망은 일제 강점기까지 이 마을에 살았던 할머니다. 「개당」을 위했고, 설문대할망의 실제를 믿었던 듯 어떤 때는 광목으로 30m나 되는 큰 버선을 만들고 다니며 "설문대할망이 오면 신기겠다."고 장담하며 다녔다. 이 할망은 신문명이 들어오는 것을 싫어해서 여자들이 파마를 하면 욕을 하고 야단을 쳤으며 "설문대할망을 믿지 않으면 세상이 망한다."고 외치고 다녔다 한다.

삼족구

유명한 지관 한 사람이 애월 마을로 오게 된다.
늦은 시각까지 길을 재촉하다 지친 지관은 마을 변두리의 농부내외의 집에 하룻밤을 청하게 된다.
지관은 옆방에서 빈궁한 살림에도 손님을 대접하려는 부부의 대화를 듣게 된다.

"내일 아버님 제사에 올릴 쌀을 손님에게 내어주면 제사는 어찌하오?"

"그렇다고 굶겨 보내낼 수 있나."

이를 딱하게 여긴 지관은 보답으로 천하의 명당자리의 위치와 귀신도 탐낼 명당 집터를 알려 주고 30년만 살고 반드시 이사를 가라는 당부를 편지로 적어놓고 아침 일찍 떠난다.

부부는 지관이 알려준 자리에 집을 짓고 사니 재산이 늘어나 호의호식하게 되었다.

30년이 되면 이사를 가라는 지관의 당부도 잊을 정도로 좋은 나날을 보내게 된다.

이윽고 30년이 지난 어느 날, 갑자기 웬 여자가 집안으로 뛰어들어 다짜고짜 대들보에 목을 매어 자살을 해 버린다.

이때 목 메 죽은 남편이 나타나 관아에 자신의 아내가 겁탈의 위협을 받아 자결을 했다며 부부를 고발해 버린다.

관아에 잡힌 부부는 아들에게 옛날의 지관을 찾아가 도움을 요청하라 한다.

간신히 지관을 찾은 아들은 산기슭 신당에서 삼족구를 찾으란 말을 듣고 신당을 찾아간다.

아들이 삼족구를 데리고 관아에 들어오자 죽은 여인과 그 남편이란 자가 보였다.

얌전하던 삼족구는 이들을 보자마자 달려들어 남자의 목을 물어

뜯는다.

그러자 남자는 여우로 변해 혼비백산 달아나고 시체인줄 알았던 여인마저 살아나 벌떡 일어나 도망을 쳤다.

삼족구가 도망가는 여인의 엉덩이를 물자 여우꼬리가 잘려 나오고 여우들은 자취를 감춘다.

결국 부부는 누명이 밝혀져 사형을 면하게 되고 아들은 신당에 삼족구를 돌려주기 위해 찾아갔지만 그 흔적을 찾을 수 없었다.

다시 찾아간 지관의 하는 말이 삼족구가 스스로 주인을 택한 거라며 데려가 살라 한다.

지관의 말처럼 농부가족의 일원이 된 삼족구는 귀신들의 위협에서 명당과 가족들을 지키며 살게 된다.

오방수(午方水)

애월 사람들이 스님의 말을 따라 탑을 허물어 버린 후 마을에 줄불이 나는 등 화재가 잦자 사람들은 그 대책을 강구하게 되었다. 어떤 사람이 '원당거리' 서남쪽에 오방으로 샘을 파면 화마를 줄일 수 있다는 말에 샘을 팠더니 재해가 없어졌다 한다. 이 물을 '샘이물'이라고도 부르는데 그 이후 거의 메워져서 알아보기 힘들 정도가 되었다.

애월 연대 유래

애월진성에서 서쪽으로 500m 가량 떨어진 지점에 위치한 이 연대는 비교적 원형 그대로 보존되어 있다. 높이 4.5m, 가로 8.8m, 세로 8.4m 규모이다. 이 연대에는 별장 6명, 직군 12명이 있어 하루 24시간을 6번으로 나눠 해안선을 지켜왔으며 이 연대는 동쪽으로는 난드르 연대, 서쪽으로는 귀덕 연대와 연결되었다. 밤에는 횃불로 낮에는 연기로 통신했으며 날씨가 나빠 봉수 연락이 안 될 경우에는 봉군들이 달려가 차례로 연락 했었다고 전해진다.

하물 유래

옛날 설문대할망이 살았다. 그는 밥을 지어 먹을 때 곽지리에 있는 솥덕에 앉아 긴 팔을 이용하여 애월 하물을 떠다 밥을 지어 먹었다 한다. 애월 하물에는 다음과 같은 안내문이 있다.

「이 물은 애월의 설촌과 함께 애월을 비롯한 중산간 마을 주민의 식생활 용수로 사용하던 애월의 상징적인 물이며 대한민국 명수 100대 물 중의 하나로 공원 보존 지구로 지정 관리되는 곳이다.」

석경감수(과물) 유래

 곽지 과물 해변 노천탕 입구에는 다음과 같은 과물 유래가 석판되어 있다.

「석경은 우물 위치 지명이고 감수는 물맛이 좋아 위치와 맛을 뜻하여 석경감수라 합니다. 일명 과물이라 부르며 우리 마을 설촌(약 2000년) 이래 조상들은 이 우물을 식수로 이용하였으며 이웃 마을 납읍, 어도, 어음, 원동 등 화전 마을까지 가뭄에 이 우물을 운반하여 식수로 사용하였고 식수로 이용하기 위하여 물 허벅(물을 담는 토기)을 물 구덕(대나무로 만든 바구니)에 넣어 부녀자들이 등에 지고 다녔습니다. 1960년대에 상수도가 가설됨으로 식수로 사용은 않지만 언제든지 마실 수 있는 천연 지하수입니다. 또한 도내에 여름철 해수욕장 중 유일하게 여인들이 노천탕으로 이용하는 곳이기도 합니다. 이를 기리기 위하여 물허벅 진 여인상과 해녀상을 만들어 세워 후세에 알리고자 함이여!」

수정사

 이는 곽지리 설화이다. 수정사는 곽지악 서쪽에 있었다 한다. 제주에서 15리의 거리에 있었다. 수정사는 원나라 때 황후가 원찰로서 창건한 것이다. 규모는 매우 크고 화려하다. 충암기에 말하기를

"원나라 때 세운 옛 건물로서 홀로 우뚝하게 남아있는 것은 오직 도근천의 수정사뿐이다."라고 하였다. 지금은 허물어져 밭이 되었다. 당시 수정사 안에는 몸집이 큰 두 개의 불상이 있었다 한다. 원나라 때 중국에서 가지고 온 것이라고 전하고 있다.

솥덕 바위

애월읍 곽지리에 흡사 솥덕(돌 따위로 솥전이 걸리도록 놓은 것) 모양으로 바위 세 개가 세워져 있는 곳이 있다. 이것은 선문대할망이 솥을 앉혀 밥을 해 먹었던 곳이라 한다. 할망은 밥을 해 먹을 때, 앉은 채로 애월리의 물을 떠 넣었다 한다.

솥바리와 문필봉

애월과 곽지 경계에는 세 개의 돌무더기가 하늘을 찌를 듯이 서 있는 곳이 있다. 이 바위더미는 옛날 거인인 설문대할망이 솥을 앉히고 음식을 만들던 장소라고 해서 솥바리라고 부른다. 한편 이 솥바리의 한 봉우리를 곽지에서는 문필봉이라고도 하는데 주민들은 그 꼭대기 부분을 누가 부러뜨려 버렸다고 생각하고 있다. 현재 복원되어 곽지리 출생 문인, 문장가, 학자가 걸쭉하게 나타나리라 믿고 있다.

문필봉(文筆峰)의 유래

지금부터 150여 년 전, 한 스님이 곽지리에 시주 받으러 왔다. 그런데 그해 마을이 가난하여 스님에게 시주를 넉넉히 주지 못했다.

이에 화가 난 스님은 마을 사람들과 말다툼이 벌어졌다. 스님은 자신을 업신여긴다며 화를 냈고 마을 사람들은 그래도 없는 형편에 시주를 할 만큼 했다고 다투었다.

스님은 할 수 없이 시주를 조금만 받고 생각해 보니 마을 사람들에게 심술을 부리고 싶은 생각이 났다.

그래서 문필봉에 있는 꼭대기 돌을 허물어야 이 마을에 문인(문장가, 학자)이 나온다고 거짓말을 했다.

마을 사람들은 그 말을 곧이곧대로 믿어 문필봉의 꼭대기를 허물어 버렸다.

그 후 이 마을에서는 문인들이 나오지 않았는데 솥바리의 한 봉우리를 문필봉이라고 전해 온다. 주변에는 눌(늘)우시 동산이 있어 중국 당태자의 무덤으로 가는 길목이고 삼족정뢰와 치소 암석이 있어 마을의 안녕과 행복을 지켜 주는 중요한 위치에 있다.

또한 추사 김정희 선생이 헌종 6년(1840) 제주에 유배되어 헌종 14년(1848)에 제주를 떠날 때 까지 곽지리에도 수차례 드나들며 유생들을 배출하였다. 그 중에 계참 박규안(朴奎安)을 만나게 되는데 그를 수제자로 삼을 만큼 문장 실력이 뛰어 났다.

추사 김정희(金正喜) 선생은 귀양살이가 끝나 서울로 올라 갈 때 박규안을 데리고 올라갔다 한다.

서울에 올라간 박규안은 김정희의 문장과 너무 흡사하여 누가 누구의 글인지 분간할 수 없이 필체가 똑같아서 과거에 응시한 결과 장원 급제하였다.

과거시험장에서 시험관들은 모두 추사 선생이 쓴 글인 줄 알고 심사를 하는데 시간이 걸릴 만큼 워낙 뛰어난 솜씨였다 한다.

이를 시기한 한양의 선비들의 계략에 박규안은 죽으니 김정희는 친필로 '남극사인'이라 써서 유골과 함께 마을로 보냈다고 전해 온다.

그 후 곽지리에는 문인(문장가)가 배출되지 못했다는 설화가 있는 문필봉이다. 이 문필봉의 꼭대기를 복원하면 우리나라 최고, 최대의 문인(문장가)가 태어나리라는 기대로 현재 복원하였다(꼭대기가 잘린 문필봉 사진은 1992년 11월 8일 태화인쇄사 박서동 사장과 장영주가 자료 수집차 들렀다 찍은 것이다. 이 사진은 의미 있게 잘 전해 오고 있다. 『이런 디 알암수과』라는 책자에도 귀중하게 실려 있다. 또한 2003년 6월 9일 리민 총회에서 문필봉 복원 결의로 2003년 6월 28일 기공, 2003년 10월 10일 복원된 문필봉 사진과 소나무 재선충과 가뭄, 인재로 수려한 소나무 두 그루가 고사하여 잘리어 나가는 사진은 장영주가 잘 보관하고 있다).

설문대할망의 '솥바리'

애월리 서쪽 곽지 경에 세 개의 돌무더기가 하늘을 찌를 듯이 서 있는 곳이 있다. 이 바위더미는 옛날 거인인 설문대할망이 솥을 앉히고 음식을 만들던 받침대라고 해서 '솥바리'라고 부른다.

당릉(唐陵) 곽지 전설

곽(郭)오름 앞개 앞에 위치한 무덤이다. 당(唐)나라 태자 일행이 이곳에 왔다가 태자가 죽으니 거기에 장사지낸 곳으로 전해지고 있는 곳인데, 이 마을에서 제일 오래 된 무덤이라 한다.

후일 곽지에 사는 김 씨 성을 가진 사람이 그 위에 묘를 썼는데 상주들의 꿈에, 죽은 태자는 발이 틀려 견딜 수가 없다는 것이 아닌가? 그래서 묘를 파보니 시체의 무릎 뼈가 부서져 있어서 이묘(移墓)하여야 했다고 전하는데 확실치 않다. 최근에 유명한 지관이 말하길 이 무덤은 자연묘(자연적으로 생겨난 묘 모양의 동산에 무덤을 만든 것)의 형태로 추측된다고 하며(곽지향우회보 2호, 2005년 3월에 사진 및 자료가 나와 있다) 인터뷰한 내용은 다음과 같다.

눌우시동산이 있다. 중국 태자가 난국을 피해 떠돌다 파선되어 태자는 죽고 왕대비는 곽지 진모살로 올라왔다 한다. 왕대비는 죽은 태자를 앞개통 언덕에 묻고 늘 이 동산을 울며 지났다기에 눌우시 동산이라 전해오는 애틋한 사연이 있다. 세월이 흘러 태자는 앞개 통에 이름과 흔적 없는 묘로 쓸쓸히 사라지매 마을 사람들은 이를 앞개 통에 중국 왕태자비의 묘소가 있다는 옛 이야기로 전해 내려오는 설화이다. 그 앞개통 너머 언덕에 당 태자의 묘가 있다는 제보(?)의 존재 여부는 후세 사람들의 몫인바 어떻든 풍수지리학적으로 가능성을 타진하는 바이니 이에 대한 진실 여부는 후세 사람들의 몫으로 남겨 두고자 한다.

「인터뷰 해당자/ 백암풍수치료연구소 소장 고강필입니다./ 이 곳이 '왕자의 묘'라고 하는데 흔적이 보이지 않습니다. 풍수지리적으로 어느 곳이 '왕자의 묘' 입니까?/ 전체적인 틀로 볼 때는 지금 우리가 서 있는 곳이 '왕자의 묘' 머리 부분으로 맥이 들어온 부분으로 보고 지금 서북쪽으로 보이는 소나무로 덮여 있는 곳이 60년대까지는 잔디로 덮여있는 동산이었지만 소나무로 덮이면서 '왕자의 묘'인 줄 모르고 이 위에 몇 개의 묘가 더 만들어졌다하여 확인하고 있습니다./ '왕자의 묘'라고 하면 묘소가 있어야 할 것인데 그 당시 자연발생 적으로 생긴 소나무 때문에 묘소가 있는 줄 몰랐다고 하는데요. 그렇다면 어느 정도의 위치라고 짐작되십니까?/ '왕자의 묘'가 지금 제주도의 묘소 정도의 작은 묘소가 아니라 경주의 왕릉처럼 크게 생기다보니 제주도에서는 그렇게 큰 묘소를 볼 수 있는 부분이 없어 동산이라 생각하여 묘라는 생각을 못한 것입니다./ '왕자의 묘'가 서귀포 가는 곳에도 3곳이 있습니다. 그것은 제주도 왕자(탐라 왕자)의 묘이고 이곳은 중국의 왕대비가 중국의 난을 피하여 피난하던 중 곽지해수욕장 입구를 통해 들어왔다는 설이 있습니다. 왕후의 무덤이 앞개 통에 있다는 설화는 있지만 지금도 찾지를 못하고 있습니다. 따라서 위치적으로나 설화로 봤을 때 여기가 '왕자의 묘'인 것만큼은 확실시 되는데, 다만 '왕자의 묘'라면 흔적이 있어야 할 텐데 거의 평평합니다. 그것은 어떻게 설명할 수 있을까요?/ 지금 소나무가 있어서 그렇지만 현재 서 있는 곳이 맥상이고 여기를 한 바퀴 둘러보면 돌혈 형태로 솟아오른 형태로 볼 수 있습니다. 지금 현재는 맥상에 와있기 때문에 앞부분이 평평한 것처럼 보이지만 둥그스름하게 전체 원형을 이루고 있습니다. 두 번째로 의문스러운 것이 '왕자의 묘'라고 해서 경주의 왕릉처럼 큰 묘였다면 그 당시 곽지리민에 힘으로써는 그 큰 묘를 만들 수 없었을 것이라는 생각이 드는데요. 물론 그 당시는 곽지현이라고 해서 큰 마을이었지만 인력동원에 대해서 약간의 의문이 생깁니다. 그런 인력동원에 대해서는 어떻게 생각하십니까?/ 인력동원을 많이 했다고 보는 것이 아니라 형태를 갖추고 있는 곳에 땅을 깊이 파서 형태를 유지하는 방법으로 묘를 만들었을 것이란 생각을 하고 있습니다./ 아, 맞습니다. 그 생각을 하지 못했군요. 묘이지만 경주의 왕릉처럼 많은 인력동원을 한 것이 아닌 묘의 형태를 띠는 곳에 묘소를 만들고, 그 형태를 '왕자의 묘'라 명명했다 보면 되겠습니까?/ 좀 더 넓게 생각한다면 그 당시의 묘지의 쓰는 방법에 따라서 지금 형태의 묘소처럼 작고 아담한 봉분이 아닌 크고 웅장하게 만들 수 있는 부분을 자연적인 지리조건을 찾아 넓게 파내어 그 속에 유물, 시종 등 이런 부분들까지 같이 매몰하다 보니 형태는 이미 자연적으로 된 상태에서 그것을 다시 파내고 다시 묻은 형태라고 볼 수 있습니다./ 아, 알겠습니다. 이해가 되네요. 그럼 이 자료는 곽지향우회보와 『곽지리지』를 편찬하는데 사용하도록 하겠습니다. 감사합니다.」

고선전(高宣傳) 곽지 전설

약 300년 전 고선전은 곽지 출생으로 납읍리의 모자라는 식수를 해결하는 데 큰 공헌을 하였다 한다.

박천총(朴千摠)의 전설

곽지리 전설이다. 박천총은 당시 힘이 장사라서 혼자서 선돌(듬돌)을 올려놓는 사람이라고 한다. 활을 잘 쏘아 무과급제에 합격하려고 서울로 가는 길에 애월읍 곽지리를 지날 때 한 여인이 빈 허벅을 지고 물 길러 가는 것이다. 이 여인은 멈추지도 않고 앞질러서 가자 박천총은 화가 나서 이 여인을 그 자리에 눕혀놓고 속옷을 벗겨 빼앗아 가지고 서울로 무과시험장에 이르러 활을 쏘는데 첫 번 화살이 실패하니 다음에는 곽지리 여인의 속옷을 둘러쓰고 활을 쏘게 되었다. 시관이 광경을 보고 사유를 물은 즉 박천총이 전후사정을 말했다. 그 말을 들은 시관은 그 대담한 행동에 감동하여 즉석에서 무과급제를 명하였다. 박천총은 귀향 즉시 곽지리에 들러 길을 가로챈 여인에게 속옷을 돌려주고 사례를 하니 문과촌인 이 지방에서는 향

사에서 남자의 앞에 백보 전에는 여인이 길을 가로채지 않기로 결의
하니 이것이 풍속화 하여 남자 앞에서 여인이 어른거리지 않는다는
풍습이 전해온다 한다.

아홉골왓의 전설

곽지리에는 아홉골왓 윤상의(尹裳議)의 전설이 내려온다.

아홉골왓은 마을 남쪽 일주도로변 건너에 있는 아홉 구획(區劃)의
밭인데 이 밭은 당초 윤상의의 장인이었던 애월읍 곽지리 진씨댁 밭
이었다.

윤상의는 이 집에 장가를 든 뒤 하루는 장인과 사위가 함께 태(태
우)를 타고 고기잡이를 나갔는데 풍랑을 만나 도저히 귀항을 못하고
표류하게 되었다.

며칠을 표류하는 사이에 두 사람은 허기가 져 기진맥진하게 되었
다. 마침 윤상의가 주머니를 뒤져보니 어떻게 된 것인지 콩 세 알이
나왔다.

콩을 주은 윤상의는 이 콩을 장인에게 드렸으나 장인은

"젊은 네가 먹고살아야 한다."

고 사양하며 버티었다.

사위와 장인 간에는 한동안 실랑이가 일었다.

마침내 사위는

"장인께서 이 콩을 안 드시면 바다에 던져버리겠다."

고 강경한 태도를 보였다.

마침내 장인은 이 콩을 먹게 되었고 날씨가 개이자 이들은 무사히 귀항하게 되었다.

장인은 이 기특한 사위에게 어떻게 보답할까 궁리 끝에 이 넓은 아홉골왓을 윤의상에게 주었다는 것이다.

이 아홉골왓은 아직도 「콩 세알짜리 밭」이라는 별명이 붙어 다니고 있다 한다.

또 축지법까지 알았던 윤의상에게는 '고무중통'이라는 별명이 붙었었는데 자기가 아는 것은 아무에게도 알려주지 않았기 때문에 붙은 별명이라 한다.

그러나 윤의상의 셋째아들 윤성원(尹聖源)은 일본으로 건너가기 전 조상들의 유골을 모두 거둬 화장한 후 바다에 흩어버려서 지금은 그들의 옛 자취를 찾을 수 없다고 전한다.

고상대(高上臺)/고생이왓 동산

곽지 설화이다. 고려 말기에 쓰시마를 본거지로 하는 일본의 도적단인 왜구들은 제주도와 남해안 일대를 자주 침략하여 식량과 귀중품을 노략질해 갔다. 그 후 조정에서는 이에 대항하기 위해 성장한 청장년층으로 군대를 조직하고 활쏘기 및 검법, 창법 등 여러 가지 전술 훈련을 실시했는데, 이 무렵부터 곽지리에도 여러 곳에 군대를 배치하고 왜구의 침략에 대비한 군사 훈련을 시작하였다. 그리고 성을 쌓고 망루대를 만들어서 지역방위체제를 갖추게 된 것이었다. 그 망루대 중 곽지리 해안을 한 눈에 전부 내려다 볼 수 있는 가장 높은 망루대를 고상대라고 하였는데 이것을 설치했던 장소가 바로 오늘날의 고생이왓 동산이었다는 이야기가 전해온다.

복악전(伏岳田)/복쟁이왓

곽지 설화이다. 복쟁이왓이란 옛날 군사들이 훈련을 받던 장소였다. 고려 말기 우리나라는 국력이 쇠약해지고 국방도 소홀했었다. 이 무렵 남해안 일원과 제주해협을 주름잡았던 해적단이 성행하였는데, 그것은 일본인인 왜구들이었다. 그들은 제주도의 해안 마을에 침입하여 식량과 귀중품을 노략질하기가 일쑤였고, 어린이나 부녀자들을 살상하기까지 했었다. 이에 대항하기 위해 해안 마을인 곽지리에서도 지역 방위군을 상설하고 훈련을 실시하였는데, 그 장소가 바로 복쟁이왓 일대였다. 그 후 왜구의 본거지인 쓰시마 섬을 정벌하는데 성공하였으므로 해안 마을의 지역방위군은 해체되었다. 군사 훈련 장소로 이용되었던 곳이 농토로 전환되자 복악전이라는 명칭이 붙여지게 된 것이었다. 구전되어 오던 복악전은 오늘날 복쟁이왓으로 불리게 되었다.

옥골(獄谷)/오영골

곽지 설화이다. 고려시대에는 곽지리와 금성리를 통틀어서 곽지현이라 했다. 이 당시 곽지리와 금성리의 주택가를 벗어난 곽지현 남쪽 변두리에는 죄인들을 수용하여 교도하였던 장소가 있었는데, 사람들은 이곳을 옥골(이두식 표기)이라 했다. 오늘날의 교도소와 같은 역할을 하였던 곳으로 짐작된다. 그 후 나라의 역사가 변화되는 과정에서 이 일대의 죄인 수용 교도 시설이 없었지만 한 번 지어진 그 옥골이라는 지명은 오래오래 구전되어 왔다. 오랜 세월 동안 구전되는 과정에서 옥골은 오영골로 변하였으며 오늘날까지도 곽지리 남서쪽 변두리 일부 지역의 지명으로 남아 전해 내려오고 있다.

진모살(長沙浦)

곽지리의 북쪽 해변에 초승달 모양으로 길게 뻗어 있는 모래벌판을 가리킨다. 1910년에 '아라가와'라는 일본 사람이 협재리에서 진모살로 이사 와서 멸치잡이를 시작하였다. 이를 계기로 곽지 사람들의 멸치 잡는 방법도 점점 발전하여 큰 그물로 많은 멸치를 잡게 되면서부터 곽지 경제는 부흥시대를 맞이하게 되었다. 잡히는 멸치는 리민들의 식용과 이웃 마을 사람들에게 판매하였으며, 퇴비로도 사용하니 농작물 수확이 증산되었으므로 경제 유통이 활발해졌다고 한다.

열녀 김천덕

곽지리 설화로 김천덕이란 사람이 있었다.

김천덕의 남편은 곽연근이었다. 곽연근은 배를 타고 고기를 잡아 연명하고 있었다. 워낙 배를 잘 다루었기에 그의 솜씨는 삼읍까지 소문이 퍼지게 되었다. 관청에서는 그의 배 다루는 기술을 인정하여 중국에 바칠 진상물을 실어가는 책임자로 임명하게 되었다. 진상물을 옮기는 일은 어려웠다. 그 당시에 바다에는 왜놈들의 노략질이 심하던 시절이니 웬만한 배짱이 아니면 배를 타고 멀리 나가지 못할 때였다.

"여부 있겠습니까? 하라면 해야죠."

곽연근은 자신 있게 진상물 배를 타겠다고 했다.

"과연 듣던 대로 보통 인물이 아니로군."

관청 관리는 그 즉시 곽연근에게 중국에 보내는 진상물을 실어 떠나라고 했다. 잔잔한 바다를 가르며 진상물을 실은 배가 바다 한가운데쯤인 화탈도쯤에 다다랐을 때 갑자기 들이 닥친 풍랑으로 배는 뒤집히고 곽연근은 죽고 말았다.

김천덕은 남편이 죽었다는 소식을 듣고 사흘 낮 사흘 밤을 눈물로 지냈다. 식음을 전폐한 김천덕은 이제나 저제나 죽은 남편이 혹여나 살아 돌아 올 줄 알고 기다렸다. 매년 명절 때는 밥상을 차려 놓고 화탈도를 향해 마주 앉아 식사를 했다. 이 모습을 본 사람들은 모두 자기 일처럼 슬퍼했다.

그 후 죄를 지어 곽지에 귀양 오는 선비마다 김천덕의 미모에 반하여 그를 탐내었으나 김천덕은 말을 듣지 않았다. 오직 죽은 남편만을 지아비로 섬겼다.

한편 명월진의 여수라는 이가 김천덕의 미모를 누구보다 더 탐내고 있었다. 여수는 재물을 앞세워 천덕이 부친 김 청(金淸)을 설득하여 첩으로 삼으려 하였다.

"이보게, 자네 한번 팔자를 고치게. 죽은 사위야 이미 이 세상 사람이 아니질 않나? 허니 자네 딸을 내게 보내게. 그럼 호강하고 한평생 편히 지낼 게야. 자네도 함께 말 일세."

여수는 감언이설로 김 청을 속여 허락을 받고 말았다. 김천덕은 아무리 부친의 명이었지만 거절하고 머리를 깎아 중이 되고 말았다. 머리를 깎았지만 마음만은 아직도 죽은 남편이 살아 돌아 올 것이란 믿음에는 변함이 없었다. 매일 정화수 떠 놓고 바다를 바라보며 기도하는 걸 잊지 않았다.

그러던 어느 날이었다. 예나 다름없이 정화수 떠 놓고 화탈도를 향해 무릎 꿇고 기도를 할 참이었다.

"지나가는 나그네요. 목이 마르니 물이나 한 사발 얻어먹읍시다."

어떤 선비가 길을 가다 마침 정화수를 뜨고 가는 김천덕을 발견하고는 물을 청했다.

'참, 이게 귀신이냐? 사람이냐?'

선비는 혼이 빠졌다. 그렇게 아름다운 절색의 미녀는 처음 보았기 때문이다.

"자 여기 있사옵니다."

김천덕은 막 뜬 물을 선비에게 주려다 얼른 물 사발을 건네는 걸 멈추었다. 김천덕은 얼른 길옆에 있는 버드나무 잎사귀를 하나 따서 물위에 띄우고는 고개를 돌려 선비에게 물을 주었다.

"허허, 얼굴은 절세 미녀로다만 마음씨만은 못된 망아지로다."

선비는 김천덕을 나무라며 후후 버드나무 잎을 불며 천천히 물을 마셨다.

"버드나무 잎을 띄운 걸 용서하소서. 그렇게 해야 물을 천천히 마실 것이라 여겨 그랬음이외다."

김천덕은 갈증을 느낀 선비가 혹여나 물을 급히 마시다가 목에 걸리는 날이면 손도 써 보지 못하고 죽을까 염려하여 버드나무 잎을 띄운 것이었다.

"그런 연유를 알지 못하는 나야말로 정말 소인이로다. 과연 그 얼굴에 그 마음씨로다."

선비는 김천덕의 고운 마음씨를 알고는 더욱 욕심이 생겼다.

"자, 나와 함께 사는 게 어떨 고?"

선비는 김천덕의 손을 잡고 애원했으나 들은 체도 하지 않고 손을 뿌리치고 집으로 돌아와 긴 줄에 목을 매고 죽고 말았다. 세상 모든 남정네들이 하나같이 자기를 탐내니 더 이상 목숨을 부지하는 건 죽은 지아비를 욕되게 하는 것이라 여겼기 때문이다.

그 후 임 제(林 悌)라는 사람이 지은 천덕전(天德傳)에 다음과 같은 말로 그의 정조를 높이 기렸다.

「천덕은 남쪽 거친 땅에 한 하녀일 뿐, 밭에서 김을 매며 규문지범을 배운 바 없으며 방직(紡織)을 업으로 하매 어찌 여훈지규(女訓之規)를 배웠으랴만 남편을 섬기고 정조를 지킴에 비상한 바가 있으니 가히 어찌 천질이 순정하여 배움을 기다림 없이 능히 성선이 있다 아니하리오. 오호라, 세상에 이른바 남자들은 조그만 이해로 형제와 벗들과 서로 다투고 국정이 문란해진 때와 나라가 위태로운 때에 나라를 파는 자와 어버이를 잊는 자가 얼마이던가? 천덕과 같은 열부효녀가 드므니 슬프도다.」

천덕은 선조 10년(1577년) 제주 목사에 의해 열녀라는 칭호를 받았다.

비양도(飛楊島)

오랜 옛날이었다. 섬은 섬인데 신기하게도 움직이는 섬이었다. 자기 맘대로 바다를 헤엄치듯 떠돌아 다녔다. 어떤 땐 하늘을 날기도 하고 어떤 땐 물 속 깊은 곳에 자맥질도 하곤 하는 섬이었다. 그 섬이 하루는 바다를 둥둥 떠다니다가 세상에서 처음 보는 아름다운 곳을 발견했다.

'어쩌면 저렇게 아름다운 곳이 있었단 말인가?'

섬은 눈을 비비고 보고 또 보아도 분명 지금까지 온 천지를 돌아다니며 보았던 곳하곤 영판 달랐다. 하얀 모래가 끝없이 널려 있고 멀리 보이는 세 개의 산은 포근하게 마을을 감싸고 있었다.

'세상에…….'

섬은 자기도 모르게 감탄의 소리를 여러 번 해 댔다. 그 소리가 어찌나 컸던지 땅이 쩡쩡 울리고 땅 바닥이 갈라지는 요동 소리를 냈다. 마을 사람들은 모두 그 소리를 들었다.

그 중에 특히 놀란 사람이 있었다. 아침 일찍 물을 길러 바다로 나가던 어떤 여인이 있었다. 그 여인은 아기를 가진 임신부였다. 조그만 일에도 놀라는 게 임신부인데 그렇게 큰 소리로 땅이 갈라지듯 한 우르릉거리는 소리를 들었으니 혼비백산할 일이었다.

소리만 요란했으면 야 귀를 막고 못 들은 체하면 그만이었지만 그게 아니었다. 커다란 섬이 둥둥 바다를 헤엄쳐 뭍 위로 기어오르려 하고 있었다.

"아이고, 큰 섬이 떠 왐저. 큰일 낫저."

그 임신부는 자기도 모르게 큰 소리를 치고 말았다. 그 소리를 들은 섬은 방향을 돌려 서쪽으로 떠 가버리고 말았다. 그게 지금은 한림읍 협제리에 있는 비양도이다.

비양도(批楊島)란 중국에 있는 섬이 날아왔다는 뜻을 담고 있다고도 한다.

계참 박규안(朴奎安)

　조선시대의 명필가라면 추사 김정희 선생을 꼽는다. 그의 문장 솜씨며, 글 솜씨야말로 전대의 대가였기 때문이다.

　추사 김정희 선생은 문촌이라는 소식을 듣고 어느 마을(곽지리)에 달려 왔다.

　이 때 추사선생이 박규안을 만나게 되었는데 그의 두뇌가 영특함을 높이 평가하여 박규안을 수제자로 삼았다.

　그때부터 박규안은 추사 선생과 같이 생활하면서 많은 것을 배우고 익히게 되었다. 추사 선생은 귀양살이에서 풀려나 다시 한양으로 올라가게 되었다.

　"자네의 재능이야말로 으뜸이로세. 여기서 그냥 썩기는 아까우이. 그러니 나와 함께 올라가게나."

　추사 선생은 박규안의 재능을 너무 아까워한 나머지 한양에 갈 때 데리고 갔다.

　박규안은 그 길로 추사 선생과 함께 한양에 올라가게 되었다. 거기서 밤낮으로 추사 선생의 가르침을 받아 과거 시험에 응시한 결과 장원 급제하였다.

　과거시험장에서 시험관들은 모두 추사 선생이 쓴 글인 줄 알고 심사를 하는데 시간이 걸릴 만큼 워낙 뛰어난 솜씨였다. 추사 선생이 썼는지 박규안이가 썼는지 구별할 수 있는 사람은 이 세상에서 딱 두 사람 뿐이었다. 추사 선생과 박규안이었다.

"체, 저런 촌놈에게 장원 자리를 내 주었다니……."

한양의 선비들은 모두 박규안을 시기했다.

"저 놈을 그냥 두었다가는 우리들의 체면이 말이 아니다. 그러니 저 놈을 없애버리자."

한양의 선비들은 무서운 계략을 세워 박규안을 죽이고 말았다.

이 소식을 들은 추사 선생은 사흘 낮, 사흘 밤을 슬피 울다 박규안에게 친필로 '남극사인'이라 써서 유골과 함께 마을로 보냈다고 전해 온다.

탑지

탑지에 고 씨 성을 가진 사람이 모든 것을 장악하고 부락민 위에 군림하여 모든 일을 처리하였다.

"제아무리 뛰어난 문장가며 학식이 있다 하더라도 저렇게 안하무인이니 될 법한 일인가?"

사람들은 겉으로는 훌륭한 학식과 문장을 칭찬하는 척했지만 뒤로는 매우 못마땅하게 여기고 있었다. 그래서 어떻게 하면 그를 없애 버리나를 궁리하였다.

그럴 즘에 고씨네는 집을 짓게 되었다. 아름드리 원목을 쓰고 그 크기는 하늘을 찌를 듯 한 대궐 같은 으리으리한 집이었다.

"안되겠다. 저걸 그냥 놔두었다간 어떤 일이 벌어질지 모르겠다."

사람들은 이 사실을 관가에 알렸다. 관가에서는 고 씨를 관가로 압송하였다.

"네 이놈, 감히 임금님의 집보다 크게 짓다니, 네 죄를 네가 알렷다."

관가에서는 대궐 같은 집을 짓게 된 연유를 추궁하고는 집을 허물어 버렸다. 이때 사람들은 그 집터에 다시는 대궐 같은 집을 짓지 못하게 탑을 세우기로 하였다

"탑을 세워 다시는 이런 일이 벌어지지 않게 하자."

사람들은 탑을 세웠다. 탑이 완성되고 며칠이 지났다. 그곳을 지나던 늙은 승려가 있었다. 그 노승려는 탑 아래에서 하룻밤을 지내게 되었다.

'으응? 가만?'

노승려는 탑이 세워진 땅 속에서 심상치 않은 기운이 솟고 있음을 알아 차렸다.

'보통 탑이 아닌 게야.'

노승려는 그 길로 사람들을 불렀다.

"여보시오. 아무리 보잘것없는 늙은 중이기로서니 사람대접은 해 주어야 할 게 아니오?"

노승려는 사람들을 괴롭혔다. 탑이 세워진 땅 속에서 세어 나오는 심상치 않은 기운을 미끼로 후한 대접을 받을 생각이었다.

"나를 소홀히 대접하면 큰 일이 생길 게요."

노승려의 이런 말을 귀담아 듣는 사람은 아무도 없었다. 노승려는

화가 머리끝까지 났다.

"허허, 이 지역에는 앞으로 좋은 일은 하나도 없을 게요. 액운이 끼어 마을은 망칠징조외다. 그 이유는 저기에 탑을 세웠으니 맥을 끊어 그렇소이다."

노승려는 지나는 말로 탑을 부셔야 액운을 막을 수 있다며 멀리 떠나 버렸다. 사람들은 아무래도 노승려의 말이 마음에 걸렸다.

"우리 저 탑을 부셔 버립시다."

사람들은 탑 있는 곳에 모여 들어 탑을 부수고 말았다.

"이크, 저건 비둘기다."

탑을 부수는 순간 하얀 비둘기 한 마리기 하늘 위로 날아가 버리고 말았다.

"에구, 저게 웬 일인가? 저 비둘기야말로 우리 마을의 인물인데…….."

사람들이 탑을 부수어 버린 걸 후회해야 소용이 없었다.

그 후 이곳에서는 훌륭한 인물이 나오지 않는다는 이야기가 전해 온다. 그러나 정성을 드려 다시 옛 것으로 복원한다면 이 곳에서도 나라를 다스릴 훌륭한 인물이 나 올수 있다고도 한다.

곽지 할망당

원래 송 씨 할망당과 문 씨 하르방당이 있었는데 지금은 송 씨 할망당만 남아 있다. 송 씨 할망당에 제물을 해 갈 때는 문 씨 하르방당에도 똑같은 제물을 차려야 한다는 말이 전해 온다. 이는 똑같은 당의 위치를 나타냄이요. 나누어 가짐을 손수 실천하는 조상의 얼이라 할 수 있다. 할망당의 제단에 올리는 제물로는 메(밥) 두 그릇, 과일, 제육, 술 등인데 할망당에는 돼지고기를 올리고 하르방당에는 닭고기를 올린다. 할망당은 옛날에는 곽지 향사 (현 리사무소)에 있었는데 지금은 삼악의 중앙으로 옮겼다. 정월 초이레, 열이레, 스무 이레가 축일이다. 그중에 길일을 택해 축원을 하러 간다. 지금은 정월 초이렛날 다니는 사람이 많다.

「오랜 옛날, 어느 할머니가 시집을 왔는데 시집살이가 무척 어려웠다. 47세가 되던 해 사월 초파일에 친정집에 갔다 오던 길에 점괘와 명도칼, 쌀 두 되, 한문책, 명주 한 필이 있는 걸 발견했다. 그 할머니는 점괘와 명도칼, 한문책은 자리에 놔두고 배가 고팠기 때문에 쌀 두 되에 명주 한 필만을 가졌다. 그런 일이 있은 후 할머니는 시름시름 앓았다. 할 수 없이 점을 치니 신험을 받았다는 점괘가 나왔다. 점에 점괘와 명도칼, 한문책을 찾으라 했다. 그 길로 지난번 쌀과 명주를 주웠던 곳에 달려가 보니 이미 명도 칼은 없어지고 점괘와 한문책만 남아 있었다. 그걸 가지고 되돌아 온 할머니는 큰 나무 아래에서 축원하였다. "조상님, 먹을 게 있으면 나눠 먹어야지 이렇게 자손들이 굶어 죽는 걸 보고만 있겠습니까?" 할머니는 정성껏 소원을 빌었다. 그 후 꿈에 도인이 나타났다. "정이 그렇다면 네 소원을 들어 주리다." 도인은 할머니에게 소원을 말하라 일렀다. "그냥 돈이나 주었으면 한다." 꿈속에서 말한 소원은 생으로 나타나는 듯했다. "신을 받으라." 꿈인지 생인지 모를 이상한 소리에 잠을 깨고 도인이 가르쳐 준대로 큰 돌멩이 밑을 파 보니 엽전 8냥이 나왔다. 이때부터 그 할머니는 신험을 얻었다.」

그래서 그 할머니의 신험을 얻으러 사람들은 제사를 지내며 기원했다. 그 자리가 할망당이 되었다.

늘우시 동산과 당태자

아득한 옛날이었다.

중국은 춘추전국시대였다. 당태자는 8년이나 거듭되는 내란과 외환으로 산동성을 피해 다른 곳으로 피난 갈 궁리를 하고 있었다.

"마마, 큰일이 옵니다. 멀쩡하던 하늘이 갑자기 먹구름으로 앞을 가리니 이 일을 어찌 하오리까?"

신하들은 걱정이 태산 같았다. 당태자만이라도 무사히 피난을 가야 훗날을 기약할 텐데 그것마저 물거품이 된다면 아무런 희망이 없는 것이나 마찬가지였기 때문이다.

"할 수 없는 일, 그냥 배를 띄워라. 한시가 급하질 않느냐?"

당태자는 벼락천둥 속을 뚫고 배를 띄워 거기에 올라탔다.

당태자를 태운 배는 보름동안 바다를 흘러가다 겨우 곽지리 진모살 동쪽에 있는 동산에 표착하게 되었다.

배는 부서지고 그 배에 타고 있던 당태자도 허기에 지친 나머지 죽고 말았다. 그러나 구사일생으로 목숨을 건진 사람이 있었다. 그는 당태자 부인이었다.

부인만이 겨우 목숨을 이어 진모살을 기어올랐으니 그 비참함이란 이루다 말할 수 없었다. 사람들은 당태자 부인을 간호하며 슬픔을 달래고 선체가 파산당한 곳을 '당파선코지'라 불렀다.

당파선이란 당나라 배가 부서졌다는 말이요, 코지란 뾰족이 들어난 곳을 이름이니 지금도 곽지리 과물해변(해수욕장) 동쪽에는 이 흔적이 남아 있다.

당태자라는 직위는 그 당시 우리나라로써는 감히 입에 담기도 어려울 정도로 높은 지위였다. 비록 배는 부서져 당태자는 죽었어도 그의 무덤만큼은 소홀히 할 수 없다 하여 전포(앞개)에 묻어 '당릉'이라 이름 지어 관리를 했다.

그 후 당태자 부인은 낯선 곳 곽지리에 살면서 남편이 묻힌 무덤을 매일 드나들며 슬피 울었다.

그 광경이 너무 가련하고 안타까운지라 차마 눈 뜨고는 볼 수 없을 정도였다. 눈물은 강이 되었고 천근만근한 걸음은 자갈을 부셔 모래를 만들 정도였다 한다.

부인은 남편이 묻힌 동산을 넘을 때마다 울었다 하여 '늘 울며 다니는 동산'이란 뜻에서 '늘우시동산'이라 불렀다. 매일 슬픔에 싸여 지내던 당태자 부인도 더 이상의 아픔은 참지 못했는지 그만 죽고 말았다.

사람들은 그 부인이 조금이라도 편히 가라는 뜻에서 '대비인동산' 즉 그 부인의 일편단심 높은 절개를 기리는 동산이라 부르며 지금도 곽지 과물해변(해수욕장) 동쪽에 자리 잡고 있다. 조금 다른 내용의 전설은 다음과 같다.

「제주시 애월읍 곽지리 해수욕장 입구 동쪽 500m 지점 언덕일대를 말한다. 눌우시동산은 늘 울며 다니는 동산이란 뜻으로 전설에 의하면 당태자의 무덤인 당릉으로 가기 위해 태자 부인이 이 언덕을 넘으면서 눈물을 흘렸다는 데서 연유하였다. 애월리 남쪽에는 과오름이라는 산이 있는데 이곳에 당나라 태자 무덤이 있다 하여 사학자들이 확인 작업을 벌였으나 발견하지 못하고 있다. 당서 동이전 탐라조에 보면 "당고종 용삭초에 탐라국왕 이도라가 사자를 보내어 입조하였다."고 하였고, 또 "인덕중에는 탐라의 추장이 내조하여 당제를 쫓아 태산에 갔다."고 하였다. 당고종 욕삭초라면 신라 문무왕 원년(661)이며 인덕중이라면 문무왕 5년(665)경이다. 또 한유서에도 탐라등 제국의 상선이 경주에까지 선박을 타고 장사를 다녔으며 이들의 선박이 크고 견고하여 항해술이 발달하였음을 알 수 있다고 하였다.」

  이로 미루어 애월지역의 제 조건이 선박축조와 당나라와의 무역에 적지였으며 그러한 교역관계가 이루어졌기 때문에 "당인의 무덤"이 애월리에 있는 것이라 생각하면 지금부터 1300여 년 전에도 무역과 해상 활동이 활발하여 이 지역에 마을이 번성하였다고 추정할 수 있다.

문필봉(文筆峰) 전설

문필봉 봉우리는 모양이 꼭 붓과 같이 생겨 문필봉이라 부른다. 문필봉은 일명 외솥발이라 부른다.

전설에 의하면 설문대 할망이 외솥발이와 구분 돌을 이용하여 큰 솥을 걸어 밥을 지어 먹었다고 전해지고 있다.

문필봉은 구전에 의하면 지금으로부터 150여 년 전에 한 스님이 곽지 마을에 시주를 받으러 왔는데 시주를 넉넉히 주지 않아서 스님이 화가 나서 동네 사람들과 언쟁이 벌어졌다.

스님이 마음이 상하여 심술을 부려 곽지 마을이 자방에 있는 문필봉을 허물고 오방에 있는 답단을 허물어 못을 파면 곽지 마을이 앞으로 문인과 무인이 많이 배출된다고 말을 하고 스님이 사라졌다. 그 후 마을 사람들이 그 말을 믿고 공론 끝에 자방 문필봉을 허물고 오방탑을 허물어 못을 파 만드니 이후부터 곽지 마을에는 문인과 무인이 배출하지 못했다고 한다.

이것은 전설 속의 이야기이고 문필봉이 있어서인지는 몰라도 예로부터 곽지리는 문인촌이라 일컬어 왔다. 문필봉은 전체가 바위로 형성되어 있어 오랜 기간 바람과 비로 인해 든든한 바위도 점차 무너지기 시작하여 중간 일부와 봉우리가 떨어져 방치되어 있었다.

그러던 것이 2003년 6월 9일 마을 임시총회에서 복원하기로 결의하여 6월 28일 기공하여 10월 10일 복원됐다.

복원된 문필봉에는 곽금2경/문필지봉, 장두선(곽지리 원로)이 지은 안내문을 세월 문필봉 설화를 알려 주고 있는데 그 내용은 다음과 같다.

「곽금2경/문필지봉: 숱한 역경을 딛고 일어서는 기질이랄까? 곽지리의 진모산 부동 쪽으로 멀리 바라보면 북서풍의 모진 비바람과 거센 파도를 이기며 서 있는 듯 한 웅장한 모습의 커다란 암석 봉우리가 우뚝 서 있다. 그 모양이 마치 붓 끝 모양의 형국이라 하여 문필지봉이라 하였다. 이 봉우리의 정기를 받아 이 고장에는 글을 하는 선비(문인, 문장가)가 많이 나왔다고 전해 내려오며 지금까지도 학자(박사)와 교육자(교사가 120여명에 달한 경우도 있었다. 교장만 35여명)가 많이 나온 곳으로 알려져 있다.」

「장두선이 지은 안내 석에는 일명 외솥발이라고 불리며 전설에 의하면 설문대할망이 외솥발이와 구분 돌을 이용하여 큰 솥을 걸어서 밥을 지어 먹었다 전하여 진다. 문필봉 봉우리는 모양이 붓과 비슷하다하여 문필봉이라 불리며 전체가 돌로 형성되어 있어서 오랜 기간 풍우로 인하여 돌들이 무너지기 시작하여 중간 일부 및 봉우리가 떨어져 방치되어 있는 것을 복원하였다. 문필봉은 지면 동서로 관통되어 있으며 동서 양쪽에서 대화가 가능하다. 또한 옛 선비들이 과거보러 갈 때 합격을 염원하는 곳이기도 하다. 우리 마을은 예로부터 선비고을이며 지금도 많은 인재가 배출되는 반촌이다. 옛 조상들은 문필봉을 잘 보존하라 하였으며 잘 보존하면 선비와 인재는 더 많이 배출되며 직위 순탄하고 마을이 편안하다 유훈 하였다. 지금까지 파손된 문필봉 복원에 대한 소홀함의 죄를 조상님께 용서를 빌며 우리 후손들은 유훈을 받들어 이제 복원하여 잘 보존하는 것이 선조의 넋을 기리는 길이기에 전 리민의 뜻을 모아 복원함을 새긴다.」

문필봉은 지면에서 보면 동서로 관통되어 있어 동서 양쪽에서 대화가 가능하다고 한다. 문필봉은 옛 선비들이 과거보러 갈 때 장원 급제를 기원하는 장소로도 이용되었다. 근년까지도 문필봉에서 수험생들이 합격을 염원했다. 이런 사정을 감안하여 문필봉 앞에는 자연석으로 제단을 마련하였다. 사람들이 치성을 드리려 다녀간 흔적이 있다.

은호골

어떤 사람이 발걸음을 멈추었다. 어디서 호랑이 울음소리 같은걸 들었기 때문이다.

'그것 참.'

주위를 살폈다. 갑자기 호랑이가 달려들 것 같아 몸을 움츠렸다.

"호랑이 소리를 들었다는 거야."

"아니지, 호랑이를 보았다지 않는가?"

"얼마나 큰지 황소 두 배는 된다는데."

"거기에 호랑이가 있을 줄이야……."

호랑이가 묘를 지키고 있다는 소문이 났다.

"틀림없이 명산일 게야. 그러니 인물이 나올 수밖에……."

오랜 옛날, 사람의 힘이란 보잘 것 없는 때였다. 비가 많이 와도 걱정, 비가 오지 않아도 걱정, 태풍이 불어도 걱정, 천둥번개가 쳐도 걱정이었다.

하늘이 노했기 때문이라며 제사를 지내는 일을 하는 게 고작이
었다.

그러니 후손이 잘 되는 게 하늘의 뜻이요, 하늘의 뜻을 따르기 위
해선 하늘이 내린 좋은 곳에 조상의 묘를 써야 된다는 생각을 했다.
그것이 풍수지리설이다.

땅이 좋고 나쁘며 흉하고 망하는 것에 관련지어 묏자리를 찾는 사
람을 지관이라 불렀다.

"이 세상에서 나보다 더 명당을 잘 보는 사람이 있으면 나오라
그래."

큰 소리 치는 지관이 있었다. 어찌나 모시자리를 잘 보는지 그를
따를 지관이 없었다.

그래서 그를 명지관 이라 불렀다.

지관이 되려는 사람들이 명지관에게 공부를 하려고 모여들었다.

"어허, 아무나 지관이 되나?"

좀처럼 비결을 가르쳐 주지 않았다.

"제발 부탁이다. 풍수지리를 터득하게 가르쳐 주십시오."

많은 사람이 간청했다. 명지관은 할 수 없이 제자를 두기로 마음
먹었다.

"시험을 보겠네. 합격을 해야 내 제자가 되네. 자 나를 따라 나
서게."

명지관은 가볍게 길을 걸었다. 뒤따르던 많은 사람들 중에 세 사

람을 제외하고는 모두 포기했다. 아무리 빨리 걷다가 뛰어도 따라가지 못했기 때문이다.

"명지관은 걸음부터 다르구면."

세 사람은 겨우 어떤 곳에 다다랐다.

"자네, 이 자리 어떤가?"

첫 번째 사람을 불러 세웠다.

"원, 지관님도, 이게 어찌 묏자리가 되겠습니까?"

두 번째 사람이 나섰습니다.

"옥좌(임금님이 앉은 자리)로다. 옥대(임금님의 허리띠)도 걸렸으니 천하 인물이 탄생하리라."

세 번째 사람이 고개를 끄덕이며 말했다.

"쌍용 백호가 마주보는 상이라 흠 잡을 데가 없다만……. 옥배(금으로만든 술잔)가 묻혔소이다. 그 옥배를 찾을 후손은 백년 후에 나오리라."

명지관은 세 번째 사람을 제자로 삼았다.

"명당이 있다는데……."

"그 자리 누가 차지할까?"

명당이 있다는 소문에 많은 사람들이 모여 들었다.

"저게 명당이라고?"

"글쎄 말이여. 별로 신통치 않은데."

실망하는 사람들 사이에 한 노인이 지그시 눈을 감고 서 있었다.

'으흠, 보통일이 아니다. 호랑이가 땅 속으로 들어가더니, 심상치

않은 곳임에 틀림없다.'

노인은 집에 돌아와 자식들을 불러 앉혔다.

"명당이 있다. 내가 죽거든 거기에 묻되, 뒤에 소나무를 심어 바람을 막아라. 호랑이가 몸을 숨긴 곳이니 은호골이라 불러라."

유언대로 자손들이 소나무를 심고 조상을 모셨다.

"별로 좋은 곳은 아닌 모양이야."

"그러게, 인물이 난다는데 이게 얼만가? 벌써 50년이 지났지 않은가?"

"헛소리여."

"인물은 무슨 인물이야. 방향을 잘못 잡았단 말일세."

"옮겨야겠어. 암 옮겨야 하고말고."

이상한 소문이 돌았다. 묏자리를 옮기지 않으면 그 가문이 망한다는 소문이었다.

"맞는 말이여. 지금쯤 인물이 나와야 하지 않은가?"

"옮기세."

"그럽시다."

후손들은 묏자리를 옮기기로 하였다. 묘를 파헤치기 시작했다. 관이 나올 쯤이었다. 갑자기 하늘이 구름으로 덮였다. 땅이 흔들렸다. 번개가 쳤다. 묘를 파헤치던 사람들은 흠칫 놀랐다.

"이럴 수가……."

관이 신기하게도 그대로였고 관 앞엔 호랑이가 무릎을 꿇고 앉아 있었다.

"빨리빨리 흙을 덮어라. 호랑이가 나가지 못하게 덮어라."

사람들은 재빨리 묏자리를 원래대로 묻었다.

"이보게, 우리가 너무 성급했나 보군."

"호랑이가 힘을 쓰려면 백 년이 있어야 한다는데……."

"조상님께 사죄해야 하네. 천만 다행으로 호랑이는 도망가지 않았으니 백년 후엔 틀림없이 큰 인물이 나올걸 세."

그로부터 백 년, 그 집안엔 훌륭한 사업가며 학자 문장가 운동선수가 나오고 있다.

"이제 호랑이가 힘을 쓰기 시작했나보오."

"그렇지. 백년이 지났으니."

"그때 모시자리를 파헤치지 않았었다면 벌써 인물이 나왔을 텐데."

묏자리 안에 있는 호랑이가 큰 힘을 쓸 때 머지않아 옥배를 찾을 후손이 있을 것이라는 애월읍 곽지리 장 씨 집안에서 전해 내려오는 이야기로 도내에서는 이런 류의 설화가 여러 편 전해온다.

처사 조인창 부인 효열 좌 씨

부인 좌 씨는 청주 좌 씨인 좌시언 씨의 딸이었다. 일찍 시집을 가서도 능히 여자로서 지킬 도리를 갖고 시부모를 공양했으며, 남편을 깍듯하게 섬기었다. 이런 행동은 가히 우리 마을 부녀자들의 모범적이었다.

1884년 남편이 장사로 배를 이용해 육지로 나가다가 풍랑으로 바다에서 죽었다. 사체도 찾지 못하였다. 좌 씨 부인은 하늘을 원망하고 통곡하며 해변을 돌아다녔다. 돌아다니며 바다에 빠져 죽어버리려고 생각도 했으나, 시부모가 집에 계시고 어린 자식들이 의지할 곳이 없음을 깨닫고는 해안에 담을 쌓고 남편의 여름옷과 겨울옷을 불태워 죽은 남편에게 바쳤다. 시부모를 극진히 섬겼고, 자식들을 훌륭히 키우는데 온갖 노력을 아끼지 않았다. 이런 일을 상세히 목사에게 알리니 목사는 이를 매우 가상히 여겨『삼강행실록』에 실었다.

충효가선대부 이필완(李弼完)

『탐라기년』에 보면 이필완은 제주목 우면 입석촌(대림리) 사람으로 조선 숙종 23년(1697) 3월 19일 이세훈의 아들로 태어났는데 나면서부터 아버지의 얼굴을 보지 못한 유복자였다. 그는 아버지 장사를 지내지 못한 것을 늘 안타까워 하다가 성장한 후 추복(追服)하여 제를 지냈으며 좋은 음식을 얻으면 반드시 아버지 묘소에 제사지냈다. 어머니가 세상을 떠나자 무덤 앞에 움막을 짓고 살며 제사를 지냈다. 평소에 짐승 고기(또는 쇠고기)를 먹지 않았으므로 꿩이나 닭을 구하여 제물로 썼다. 그러다가 어느 제삿날에는 꿩도 닭도 구하지 못하여 고민하다가 어머니 무덤을 찾아갔다. 그러자 난데없이 매 한 마리가 꿩 한 마리를 차고 날아와 떨어뜨리고 갔다. 그는 그 꿩을 가지고 돌아와 그 날 밤 제사에 썼다. 조선 영조 52년(1776) 3월 이필완이 나이 80이 되던 해 영조대왕이 승하했다. 그는 석 달 동안이나 쇠마(상복)를 벗지 않고 소식 하였으며 능역에 나가 흙짐을 져 날랐다. 그의 이와 같은 충효심이 알려졌으므로 조선 정조 5년(1781) 제주어사 박천형(1737~?)에 의해 효자로 포양(襃揚)되었다.

충효 송경천(宋擎天)의명 인명 삼부자

송경천은 조선 정조 18년(1794) 아들 송의명 · 송인명과 함께 진상물을 수송하다가 태풍을 만나 소주부에 표류하였다. 그들은 육로로 되돌아오다가, 송경천은 봉황성에서 죽었다. 아들 형제는 부친의 시체를 메고 혹은 업어서 제주에 귀환하였는데, 조정에서는 이들을 효자로 표창하였다. 조선 순조 22년(1822) 조정화어사에 의하여 정려되었다. 비문의 내용은 다음과 같다.

「충신과 효자가 한 집안에 온전한 것은 공의 삼부자를 두고 하는 말이다. 공은 여산인(礪山人)으로 부원군 정가(正嘉), 이름 서(瑞)의 22세손이다. 조선 정조 18년(1794)의 농사가 큰 흉년이 들었을 때 나라에서 곤궁한 백성을 구원해 주는 은택을 입어 온 집안 식구가 큰일 없이 지내게 되었음을 생각하며 국은에 보답하고자 뜻을 품고 있던 차에 어포(魚脯)진상의 계절을 당하여 본래의 소원대로 자진해서 한 배에 두 아들과 함께 타고 진상물품을 가지고 출륙하였는데 갑자기 큰 바다 가운데서 태풍을 만나 표류한 지 스무날에 몇 차례 위험한 고비를 만났으나 공은 옷깃을 바로하고 정좌하여 진상물을 동여매고 삼가는 마음이 극진하였다. 두 아들도 곁에서 모시면서 삼가 하느님께 구명을 축원하였는데 소주부 지경에 표박하였다. 돌아오는 길에 공은 연로하여 마음을 가다듬었으나 불행히 봉황성에서 죽었으므로 형제는 아버지의 시신을 부둥켜안고 혹은 매거나 혹은 업고서 산과 바다 만 리를 돌아온 뒤 선영에 장사지내었다. 마을 사람들이 다 같이 이 사실을 알리니 본주 목사가 완문을 만들어 주었고 사림도 천거하여 조선 철종 3년(1852)에 어사가 포양을 하였고 임금께 아뢰는 영광을 입었으니 찬란하게 빛나도다. 이는 어찌 한 개인으로서만이 아닌 모두의 영광이 아니랴!」

조금 다른 내용의 전설은 다음과 같다.
「송경천은 1790년 9월 2일 아들 인명, 의명 두 아들을 데리고 임금에게 진상할 오징어를 잡으러 출항하였다가 폭풍으로 표류되어 중국 땅에 도착하였으나 아버지가 표류시 선상에서 사망, 그 시신을 중국 땅에 매장하고 두 형제가 부친 영혼을 모시고 육로로 만주 압록강을 건너 2년 후에 귀환한 사실을 안 관헌에서 상부에 보고하니 나라에서는 임금님께 올릴 오징어를 잡으러 갔다가 조난당하였으나 아버지는 충이요, 아들 두 형제는 영혼을 모시고 귀향하였으니 효자라 하여 1794년 충효시효를 내렸다 전해 온다.」

절새미(절터)

　애월읍 금성리에 있는 도림사 내의 용천수이다. 절새미 인근은 조선 명종 20년(1565) 때 제주도로 귀양 왔다가 제주목사 변협의 잔혹한 폭력에 의해 장살당한 보우 대사의 적거지가 있었던 것으로 알려져 있다. 허응당 보우대사는 조선 불교의 중흥조로 일컬어지는 선사로서 선교 양종을 다시 일으켜 세웠다. 그러나 1565년 문정왕후가 세상을 떠나자 곧 승직을 박탈당하였고 끝내 제주도로 유배되었다. 보우대사의 입적 일자는 언제인지 알 수 없으나 『명종실록』에 나오는 유생들의 상소 기록으로 보아 1565년 8월 말이나 9월 초로 짐작된다. 서울에 보우대사의 살해 소식이 전해져 유생들의 상소가 중단된 게 10월 중순이기 때문이다. 보우대사의 적거지에 있었을 것으로 판단되는 절새미터에는 현재 근대 시기에 창건된 도림사라는 사찰이 들어서 있다. 마을 주민들의 증언에 의하면 이 절새미터는 인근에 있던 옛 사찰의 절물로서 마을 주민들의 식수로도 이용되었다고 한다. 도림사로 올라가는 길에는 마을에서 조성한 물통들이 여러 개 발견되고 있지만, 그중에서도 절새미물이 가장 잘 보존되고 있다. 수도가 개설되기 전에는 이 물을 식수로 이용하는 것은 물론, 마을에서 제를 지낼 때에도 길어다가 사용했다고 한다. 현재 어도오름 내 절새미터는 식수로 사용하기에는 불가능하나 보존은 잘 되어 있다. 오래된 귤나무와 소나무 등이 주변을 에워싸고 있다.

여우혈

금성리에 김 노인이 살았다. 노인에겐 아들이 한명 있었지만 집안이 워낙 가난하여 장가를 보내지 못했다. 어느 날, 노인의 집에 나그네가 찾아왔다. 먼 길을 걸었는지 피곤한 기색이 역력했지만 눈빛으로 보아 예사 인물이 아닌 듯하였다.

"주인장, 하룻밤 묵어갈까 하오."

"그러시오. 그런데 집안이 누추해서."

가난했지만 마음만은 부자였던 노인은 쾌히 승낙했다.

"이것도 다 인연인가 보오."

나그네는 노인의 후한 인심에 고개를 끄덕이며 방 안으로 들어갔다.

"제 아들이외다. 배워주지 못해 일자무식하오."

노인에게 소개받은 아들을 본 나그네는 가느다랗게 눈을 떴다.

'쯧쯧, 저리도 박복할까. 아무리 살펴봐도 복이라곤 하나도 없으니 원 참.'

나그네는 아들의 관상을 보며 속으로 혀를 찼다.

"내가 가난하다 보니 자식 놈은 더 박복한가 보오."

노인의 말에 나그네는 껄껄 웃었다.

"걱정 마오. 어찌 아들을 박복하다 하리오. 내가 보기엔 복이 철철 넘치외다. 하하하."

"예? 그게 무슨 말씀인지……."

"복이야 만들면 되는 게요. 좋은 수가 있소이다. 내가 시키는 대로 하면 집안이 크게 번창할 게요."

나그네는 노인에게 모슬포에 있는 부자 처녀에게 아들을 결혼시키면 될 것이라고 말하고는 잠이 들었다. 이튿날 나그네는 모슬포로 달려갔다.

"아주 복 많은 총각이 있는데 당신의 딸과 결혼시키는 게 어떻소?"

"조금만 일찍 알았더라면 좋았을 텐데……. 이미 결혼 날짜를 받아놓았으니 이를 어찌 하오?"

"그야 억지 결혼을 시키면 되는 게요. 내 신랑을 데리고 올 테니 그렇게 아오."

나그네는 부자 처녀의 아버지에게 알리고 금성리로 돌아와 노인의 아들을 말에 태우고 신부 집으로 향했다.

드디어 일이 벌어졌다. 신부는 하나인데 신랑이 둘이니 보통 일이 아니었다.

구경하는 사람들로 발 디딜 틈도 없었다. 신부의 아버지는 모르는 체 시치미를 뚝 뗐지만 신부는 큰일이었다.

옛날엔 신랑, 신부는 서로 얼굴을 모르고 부모가 정해준 대로 결혼을 했기에 어느 쪽이 진짜인지 분간하지 못했다.

"어허, 큰일이로고. 어찌 신부는 하나인데 신랑은 둘이란 말이오. 이는 필시 하늘이 신부를 시험하고자 함이니 우리 신부의 뜻에 따라 신랑을 정함이 어떻소?"

나그네는 큰소리로 구경꾼을 향해 소리쳤다.

"좋소이다."

진짜 신랑 쪽에선 자신 있는 일이라 생각했다.

"자, 신부는 어느 쪽 신랑과 결혼하겠소."

나그네의 물음에 신부는 금성리 신랑을 택했다. 이는 '네 신랑은 금성리 사람이다.'라고 지난밤 아버지께서 하신 말씀을 신부가 생각해냈기 때문이다.

이렇게 하여 금성리 노인은 며느리를 데리고 왔지만 체면이 말이 아니었다.

"기와집을 지어 주구려."

나그네는 노인에게 일렀다. 노인은 기와집을 지어줄 힘이 없는데 나그네가 말을 하기에 이상하다 하면서도 나그네가 가리켜 준 곳을 파보니 수없이 많은 기와가 나와 그것으로 집을 짓기 시작했다.

"꼭 지킬 일은 집이 완공될 때까지 네 귀퉁이 꼬챙이를 건드리지 마오."

나그네의 말에 호기심이 생긴 목수는 몰래 쇠꼬챙이를 깊이 박고 말았다. 집이 완공되어 쇠꼬챙이를 보니 피가 묻어 있었다.

"내 말을 지켜야 했었는데……. 이 집안에서 한 사람이 죽어야 될 게요."

나그네는 이 말을 남기고는 영영 떠나 버렸다.

노인은 걱정했다. 지금껏 나그네의 말이 한 번도 빗나간 적이 없었는데 집안에서 사람이 죽어야 한다는 말이 마음에 걸렸다. 삼 년이 흘렀다.

"하룻밤 쉬어가려 하오."

날이 어두워지자 지나가던 사냥꾼이 노인의 집에 찾아왔다.

"사정이 그러시다면 그러하오."

노인의 허락을 받은 사냥꾼은 잠을 자다 이상한 소리에 잠을 깼다.

'저건, 도둑놈이 틀림없다.'

사냥꾼은 깊은 밤에 지붕을 넘어오는 도둑놈을 발견했다. 활을 꺼내 도둑을 향해 쏘았다. 도둑은 그 자리에 쓰러졌다. 사냥꾼은 덜컥 겁이 났다. 아무리 도둑이라지만 사람을 쏘아 죽인 것이 무서웠다. 사냥꾼은 그 길로 노인 집에서 도망쳤다. 날이 밝자 노인의 집 마당에는 여우가 한 마리 죽어 있었다.

이런 일이 있고 나서 김 씨 노인네 가문은 부흥하기 시작했다. 쇠꼬챙이의 피는 여우의 등이 터져 묻힌 것이었고 쇠꼬챙이가 박혔던 곳은 여우 혈이었다.

이필완 효자비

이필완 효자비 앞면에 「忠孝嘉善大夫李公弼完之閭」라고 새겨 있고, 뒤쪽에 「同治元年正月日」 그 옆으로 「一九六五年三月日重竪」라 새겨져 있다. 이를 보아 철종13년(1862) 1월에 정려 비를 세우고 1965년 3월에 보수한 사실을 알 수 있다.

『탐라기년』에는 다음과 같이 기록되어 있다.

「이필완은 입석촌(대림리) 사람으로 숙종23년(1697) 3월 19일 이세훈(李世薰)의 아들로 태어났는데 나면서부터 아버지의 얼굴을 보지 못한 유복자였다. 그는 아버지 장사를 지내지 못한 것을 늘 안타까워 하다가 성장한 후 추복(追服)하여 제를 지냈으며 좋은 음식을 얻으면 반드시 아버지 묘소에 제사지냈다. 어머니가 세상을 떠나자 평소에 짐승 고기를 먹지 않았으므로 꿩이나 닭을 구하여 제물로 썼다. 그러다가 어느 제삿날에는 꿩도 닭도 구하지 못하여 고민하다가 어머니 무덤을 찾아갔다. 그러자 난데없이 매 한 마리가 꿩 한 마리를 차고 날아와 떨어뜨리고 갔다. 그는 그 꿩을 가지고 돌아와 그 날 밤 제사에 썼다. 영조 52년(1776) 3월 이필완이 나이 80이 되던 해 영조대왕이 승하했다. 그는 석 달 동안이나 쇠마(상복)를 벗지 않고 소식하였으며 능역(陵役)에 나가 흙짐을 져 날랐다.」

그의 이와 같은 충효심이 알려졌으므로 정조 5년(1781) 가선대부에 가자(加資)되었으며 철종 13년(1862)에 정려가 세워졌다.

비석군

가선대부 이필완은 유복자로서 아버지 제사를 정성껏 지내며 어머니를 극진히 섬기었다. 어머니가 돌아가시자 무덤 앞에 움막을 짓고 시묘를 살았다. 어머니가 살아생전에 쇠고기를 먹지 않았기 때문에 대신 닭과 꿩고기를 제사 때 썼다 한다. 하루는 묘제를 쓸 꿩고기를 구하지 못해 애를 쓰고 있었다. 그 때 매가 꿩을 잡아다가 무덤 앞에 떨어 드렸다. 그 꿩으로 예를 갖추어 제를 지낼 수 있었다 한다. 1836년 3년상을 치루고 나서 헌종이 붕어(사)하자 80세 고령임에도 불구하고 상경하여 왕릉을 만드는데 흙을 지어 나르며 대왕의 위업을 칭송하는 노래를 지어 부르니 철종 임금이 가선대부 벼슬을 내렸다. 금성천 일주도로 20m 떨어진 곳에 비석 군이 있다.

돼지 형상돌

옛날, 금성리에는 많은 말들을 기르고 있었다. 그런데 이 말들이 병에 걸려 죽고 번식도 잘 하지 못하므로 마을 어른들은 신통한 능력을 가진 분을 모셔다가 그 까닭을 여쭈어 보았다. "한림 금악(검은오름)이 금성에서 보기엔 거미 같은 형체이니 그 거미 같은 오름의 맥을 막아야 하는데 그러기 위해서는 동산에 돼지 형상을 한 돌을 놓아야 한다." 이 말에 마을 사람들은 큰 돌을 가지고 돼지 모양의 돌을 새겼다 한다. 그 후 말들은 병들지 않고 번씩도 잘 되었으나 현재 그 돌은 어디 있는지 알 수 없다 한다.

물왓

금성리 설화이다. 속칭 새미왓이라고도 하는 밭은 본래 사람이 샘을 판 것도 아니고, 원래땅 밑에서 솟아난 물도 아니었다. 오랜 옛날, 지금으로부터 360여 년 전 큰 비에 의해 대홍수가 났을 때, 금성리 서쪽으로 흐르는 정자천 위쪽의 목장천과 개룡(롱)천이 합쳐지며, 개룡(롱)이 밭으로 흘러들었고, 다시 이 물이 포제청을 허물며 물왓으로 쏟아지는데 그 형세가 마치 폭포 같았다고 한다. 대홍수가 끝나고 보니 마치 밭 가운데 연못을 파놓은 것 같았다고 하여 비로소 '샘의 밭' 즉, '새미왓'이라 불리고 있다. 위치는 금성리 상동 서쪽 지경에 있다. 그러나 현재는 비가 와야 물이 고이는 밭이다.

남당머리

금성 설화이다. 현재 불리고 있는 곳의 아래쪽에 하르방당이 있었음인데, 곽지와 금성이 분리 당시 곽지에 사는 김 씨가 당을 옮겨 갔다고 한다.

돈물동산

금성리 설화이다. 옛날에 어느 부자 할아버지가 돼지를 길렀는데 방목을 하였으며, 이 돼지들이 낮에는 동산에서 놀다가 동산 밑에 있는 물을 먹고 저녁에는 집으로 돌아왔다' 하여 이 동산을 '돼지들이 물을 먹고 놀았던 동산'이라 하여 '돈물동산'이라 불리고 있다.

개롱이밭

금성리 설화이다. 옛날 이 지경에 어떤 신통한 능력을 가진 이가 지나가다 하는 말이 '이 지경은 부서진 배의 모양인데 꼭 물을 빼는 개롱이를 닮았구나.'하여, 그 후 '개롱이밭'으로 불렸었다. 언젠가 마을에 크게 물난리가 생겼을 때 물이 마을로 덮쳐들었고 그 물에 의해 큰 못이 생겼으니 이후 샘이왓(못이 있는 밭)이라고도 불리게 되었다.

제공물

금성리 설화이다. 밭모양이 코의 끝을 닮았는데 그 코의 끝 쪽을 파니까 물이 나왔다 하여 그 물을 제공물이라 하였다. 그러나 현재 그 물은 없고 그 지경의 밭을 제공물왓이라 칭한다.

김해 김 씨 김창백의 부인 진주 강씨

부인 강 씨는 김창백(金昌白) 씨에게 시집와서 윤덕을 낳았다. 남편이 죽자 곧 따라 죽고자 하였으나 어린 자식이 제주에 있음을 생각하지 않을 수 없었다. 그러던 중 소길(소상)을 지낸 갑술년 동짓달 20일에 남편의 무덤에서 자결하니 슬퍼하는 아들이 울음소리가 하늘에 닿고 산천초목이 애통해 하는 듯하였다. 그 정열에 감동한 사람들이 부인을 남편과 같이 합장해 묻었다고 전한다.

이열부 좌 씨

처사 조인창부인 효열 좌 씨, 청주 좌 씨인 좌시언 씨 딸이다. 일찍 시집을 갔어도 능히 여자로서 지킬 도리를 갖고 시부모를 극진히 공양을 했으며 남편을 깍듯이 섬기었다. 이런 행동은 가히 본 마을 부녀자들이 모범적이었다. 1884년 남편이 배를 이용해 장사차 육지로 나가다가 풍랑으로 바다에서 죽었다. 시체도 찾지 못했다. 좌 씨 부인은 하늘을 원망하고 통곡하며 해변을 돌아다녔다. 바다에 빠져 죽어버리려고 생각도 하였으나 시부모가 집에 계시고 어린 자식들이 의지할 곳이 없음을 깨닫고는 해안에 담을 쌓고 남편의 여름·겨울옷을 불태워 죽은 남편에게 바쳤다. 그리고는 시부모를 극진히 섬겼고 자식들을 훌륭히 키우는 온갖 노력을 아끼지 않았다. 이런 일을 상부에 자세히 알리니 목사는 매우 자상히 여겨 삼강실록에 실었다한다.

봉성리 효자 현원상(玄遠祥)

연주 현 씨 가선대부 원상은 1713년 12월 9일생이다. 그는 지극한 효성으로 부모를 봉양하되 아침저녁에 시간을 어기지 않고 부모님께 문안을 드렸으며 부모의 뜻을 거역하는 일이 없었고 잘 받들다 부모님께서 세상을 떠나니 슬픈 마음이 비할 데 없고 원통한 나머지 실신하였다. 장례식이 끝난 후에 무덤 곁에 초가집을 짓고 3년간이나 한결같이 동소를 살피고 삭망제사(朔望祭祀)에 목욕재계(沐浴齋戒)한 후 정성을 다하여 제를 지내며 하늘을 우러러 슬퍼하고 있었는데 돌연히 산장(노루) 한 마리가 와서 무덤 앞에 엎드렸다. 공은 그것을 잡아 삭망(朔望)에 바쳤다. 그것을 안 당시 사람들이 모두 탄복하기를 공의 정성은 참으로 천지신명이 감동한 것이라고 하였다.

새별오름 유래

애월읍 봉성리 소재 새별오름은 서부산업도로(95번국도)변에 있는 풀밭오름으로 정상에 오르면 한라산의 서북 벽과 서쪽 으로는 당오름, 정물오름 그리고 산방산과 시원스런 바다경치까지 파노라마처럼 펼쳐지는 전망 포인트로 제주 서쪽에 자리잡은 오름 중에서 가장 호방한 눈 맛을 자랑한다. 5개의 봉우리로 이루어져 있어 그 모습이 마치 별모양을 닮았고, 초저녁 하늘에 홀로 빛나는 샛별 같다고 하여 '새별'이라 는 이름을 가지게 되었다고 한다. 이 곳은 고려 말 최영 장군이 반란을 일으킨 몽고군을 토벌한 전장 터이기도 하다. 특히 정상엔 황홀한 억새밭이 형성되어 있어 어른 키 만한 억새밭 사이로 스쳐 지나 가는 것도 멋진 추억거리가 될 것이다. 특히 이곳은 제주 서쪽 해안으로 떨어지는 일몰 감상 포인트이기도 하다. 새별오름 앞에는 인근 오름들과 산방산, 중문단지, 한라산 등을 하늘에서 내려다 볼 수 있는 관광헬기가 뜨는 곳이기도 하다. 음력 정월대보름이면 제주도에서 사람이 가장 많이 몰리는 제주 들불축제가 새별오름에서 열린다.

괴미오름(猫尾岳)

궤미오름, 궤물오름, 괴미, 묘악(猫岳) 등 여러 별칭이 있으며 괴오름이라는 명칭은 오름의 전체적인 형상이 구부러진 고양이 등을 닮은 데서 유래했는데, '괴'는 고양이의 옛말이다. 높이 653.3m, 둘레 2,600m, 총면적 379,587㎡ 규모의 기생 화산으로 북쪽을 향해 입구가 벌어진 말굽 형태의 분화구가 있다.

독물오름(獨水岳)/북돌아진오름

봉성리에 있는 오름으로 '독'은 바위 또는 돌을 뜻하는 고유어이며 독물오름은 '독물이 있는 오름'이라는 데서 유래되었다. 한자를 차용하여 옹수악 또는 독수악이라고도 한다. 독물오름은 시간이 흐르면서 '동물오름'으로 실현되어 동수악과 같은 한자 차용 표기가 생겨났다. 독물오름 꼭대기에는 큰 바위 덩어리가 걸쳐져 있다. 그 형세가 마치 북을 매단 것처럼 보여 독물오름을 '북아진오름'이라고도 하는데 이 별칭을 마치 독물오름의 원래 명칭인 것처럼 잘못 알고 있는 경우도 많다.

폭낭오름

애월읍 봉성리 화전동 가기 전 뒤편으로 보이는 오름이 폭낭오름이다. 오름 정상부에는 하나의 말굽형 화구와 남서 측에 2개의 원추

형 화구로 이루어진 형태의 복합형 화산체이다. 오름 전사면이 완만하면서 사면을 따라 풀밭을 이루고, 주요 식생은 산뽕나무, 분단나무, 자귀나무, 보리수나무, 꽝꽝나무 등이 있고, 오름 정상부에는 가운데가 얕게 우묵져 가시덤불과 잡초가 우거져 있다. 위치상으로 괴오름, 폭낭오름, 빈네오름, 다래오름이 사각형의 네 귀퉁이를 각각 차지하면서 사각점 중간에는 널따란 초원을 이루고 있다. 괴오름쪽으로 제주도 산서지역의 중산간에는 넓다란 초원이 펼쳐지는데, 이 초원(괴오름방향)에는 제주도 산서 중산간 지역과 거제도에서만 자란다는 환경부지정 특정야생식물인 갯취(안자리쿨)가 군락을 이루고 있다.

오름명의 유래는 큰폭낭(팽나무)이 있어서 폭낭오름이라 불리고 있다고 하며, 한자명으로는 팽목악(彭木岳)으로 표기하고 있다.

물장오리 용 이야기

어도리에 이 씨 성을 가진 이가 살고 있었다. 이 사람은 나중에 '찰방'벼슬을 얻어 어도리 이찰방으로도 불렸는데 그렇게 된 이유는 물장오리 용의 조화 덕분이었다. 물장오리 용과 이찰방에 얽힌 이야기가 다음과 같이 전한다.

「물장오리에 황룡과 흑룡이 살았는데 야광주를 먼저 차지하기 위해 치열하게 싸우고 있었다. 야광주를 얻어야만 용 중의 용이 되어 구름을 박차고 승천할 수 있기 때문이다. 누가 먼저 야광주를 차지하느냐 다투는 싸움은 오래 되었으나 승부가 나치 않았다. 황룡과 흑룡의 힘이 서로 어슷비슷해서였다. 바로 이 시기에 어도리 이 씨는 사냥을 하며 살아가고 있었다. 이 씨가 주로 사냥하는 곳은 구엄리 인근 '번데왓'이라는 목장 부근이었다. 어느 봄날 짐승을 찾아 헤매다 보니 다리도 아프고 날도 따뜻하고 해서 이 씨는 번데왓에 드러누워 깜박 잠이 들었다. 꿈에 철장을 짚은 노인이 나타났다. 노인은 잠든 이 씨를 냅다 꾸짖는 것이었다. "너는 왜 여기서 무심하게 잠만 자느냐? 내일 사시에 저 물장오리에 가 보아라. 황룡과 흑룡이 싸움을 벌이고 있을 것이다. 네가 그 흑룡을 쏘아 죽인다면 알 도리가 있을 것이다마는……." 그 말을 남기고 노인은 사라져 버렸다. 이 씨가 깨어보니 꿈이었다. 꿈이긴 하였으나 노인의 음성이 너무나 생생하여 이 씨는 떠오르는 말들을 곱씹어 보았다. '사시, 물장오리, 황룡과 흑룡, 흑룡을 쏘아라.' 아무래도 기특한 꿈이었다. '이거 참 묘하다. 일단 내일 사시에 물장오리에 가 보자. 황룡과 흑룡이 싸움을 벌이고 있다면, 노인 말대로 흑룡을 쏘고 볼 일이다.' 그런데 번데왓에서 물장오리까지는 머나먼 길이었다. 물장오리는 '족은장오리'라 하여 '큰장오리'인 백록담 가까이에 있는 오름이니 집에 갔다가 다시 출발하다 보면 다음날 사시에 도착할 수 없었다. 이 씨는 그냥 물장오리를 향해 가기로 마음먹었다. 가다가 날이 저물자 이 씨는 아무데서나 눈을 붙이고 아침 일찍 다시 걷기를 계속하였다. 이 씨는 진시 경에 물장오리에 이르렀다. '시간을 딱 맞췄군.' 이 씨는 물장오리에 가만히 앉아 기다렸다. 그런데 사시가 되었는데도 아무 일이 없는 것이다. '아, 이거 내가 꿈을 잘못 봐졌는가?' 사시가 넘어가고 오시가 되어도 아무런 변화가 없어서 이 씨는 초조하였다. 손에 든 사냥총이 땀으로 젖어가는 바람에 이 씨는 손바닥을 자주 바지에 문질렀다. 그러다 미시에 이르자, 과연 물장오리 물에 변화가 보이기 시작하였다. 가운데부터 보글보글 끓는가 싶더니 물결이 춤추듯 너울너울 일렁이는 것이었다. 물보라가 하얗게 터지는 순간 황룡 하나가 울뚝 솟구쳐 나왔다. '아, 용이란 게 이런 게로구나!' 생전에 용을 처음 본 이 씨는 입이 딱 벌어졌다. 황룡은 몸을 구불구불 뒤틀며 계속해서 물장오리를 빠져나왔다. 이 씨는 경황없는 중에 황룡을 향하여 사냥총을 겨누었다. 그러다가 아차, 하였다. '꿈에 본 노인이 분명 흑룡을 쏴 보아라 하였지?' 잠시 기다리다 보니 흑룡 하나가 물장오리 위로 솟구치는 것이었다. 황룡과 흑룡은 서로를 보자마자 누가 먼저랄 것도 없이 달려들어 치열하게 싸우기 시작하였다. 이리 붙어 엉겼다가 약간 떨어진 다음 또다시 맞붙어 뒤엉키는 혼전이었다. 우레 소리 같은 포효가 두 용의 입에서 화염처럼 터져 나왔다. 이 씨는 그 웅장한 전투에 넋을 잃을 지경이었다. 그래도 이 씨는 정신을 가다듬어 흑룡을 향하여 사냥총을 겨누었다. 이리저리 움직임이 심하니 조준을 잘 할 수 없었다. 끈기 있게 기다리다 보니 딱 좋은 순간이 오기는 왔다. '이때다!' 이 씨는 힘껏 방아쇠를 당겼다. 정통으로 흑룡의 몸통을 맞추었는지 총소리와 함께 흑룡이 물 아래로 퍽 떨어져 내리는 것이었다. 흑룡이 물장오리 속으로 사라졌는지 모습을 감추니 싸움에서 승리한 셈이 된 황룡은 물에서 뭍으로 나왔다. 드디어 야광주를 차지하였는지 황룡의 입 부근이 눈부실 지경으로 환하였다. 한참을 뭍에서 스르륵스르륵 꿈틀거리며 이동하던 황룡은 어느 순간 땅을 박차고 하늘로 날아오르기 시작하였다. 자세히 보니 황룡은 날개가 달려 있었다. 때맞춰 구름떼가 왁자하니 몰려와 황룡의 승천을 화려하게 맞이하였다. 이 씨는 한 손을 들어 이마를 가리고 아득히 하늘 먼 곳으로 날아오르는 황룡을 오랫동안 바라보았다. '장관이로세!' 이 씨는 황룡을 승천하게 만든 장본인이 바로 자신이라는 사실을 새삼 깨달았다. '이젠 여기 있을 게 아니라 번데왓으로 돌아가야 한다.' 용을 도왔으니 용의 기운을 얻어 좋은 일이 생길 게 틀림없을 터였다. 이 씨는 물장오리로부터 마을로 돌아오느라 하룻밤을 또 넘겼다. 다음날 아침 번데왓에 이르렀는데, 오랫동안 걸어서 힘도 빠지고 배도 고팠다. '아이고, 일단 여기 좀 누워서 쉬다 가야겠다.' 눕자마자 이 씨는 잠이 들었다. 꿈인지 생시인지 모른 채 이 씨는 노인을 다시 만났다. 노인이 말하기를, "이 길로 죽 내려가면 말팟이라는 곳이 있다. 말팟에 좋은 지리를 찾아 집 짓고 살다보면 알 도리가 있을 것이다마는……." "명심할 것은 딱 삼십 년만 그곳에 살아야 한다." 노인은 금세 어디론가 사라져 버렸다. 깨어보니 꿈이었다. 이 씨는 중얼거렸다. "하, 이거 내가 운기가 당하기 당했는가?" 이 씨는 계속해서 '말팟', '말팟'만 외었다.」

말팟이란 어도리 마전동을 일컫는 말이었다. 마전동에서 어찌 '삼십년 부지'를 찾을 수 있단 말인가. 그 다음은 아래와 같이 이어진다.

「이 씨는 명월리에 가서 용하다고 소문난 지관 한 사람을 찾았다. 이 씨는 그 지관을 모시고 마전동에서 삼십년 부지를 찾아 헤매었다. 그러나 지관도 알쏭달쏭하다는 표정만 지으며 부지를 찾지 못하는 게 아닌? '흑룡을 쏘아 황룡이 승천하도록 도왔으니, 아마도 내 스스로 찾을 수 있게 운기가 생기지 않앉을까?' 그런 기대를 가지고 이 씨는 말팟 일대를 돌고 또 돌며 '삼십년 부지'를 찾아보았다. 말팟 위쪽으로부터 내가 흘러내리는데 한 곳에 이르러 급하게 꺾이며 휘돌아드는 것이 이 씨가 보기에 야무진 땅으로 보였다. 아무래도 이 땅이 그 땅이다 싶어, 이씨는 지관에게 부탁하였다. "여기 정형을 찾아 집터를 정해 주시오." 그렇게 집터를 정한 후 집을 지어 사는데 과연 명당은 명당이었다. 바로 다음해부터 비가 많이 내리지 않는 것이다. 그저 씨 좋은 만큼만 약간씩 왔다가 말고는 하였다. 이 씨가 조며 콩이며 팥이며 녹두며 뿌려두기만 하면 저들이 알아서 쑥쑥 잘 자라 주었다. 무엇이든 갈면 가는 대로 풍년이니 몇 해 지나지 않아 이 씨는 큰 부자가 되었다.」

부자가 되어 풍족해지자 마음에도 여유가 생겨 이 씨는 곡식 몇 백석을 굶주린 백성을 돕기 위한 흉민곡으로 나라에 바쳤다. 조정에서는 이를 가상히 여기고 이 씨에게 찰방 벼슬을 내려주었다. 그래서 이 씨는 어도리 '이찰방'으로 불리게 된 덕이다.

「그렇게 삼십 년이 지났다. 잘살다보니 이 씨는 꿈속의 노인이 경고한 '삼십 년'을 깜박 잊고 말았다. 그새 운세는 황룡의 기운에서 흑룡으로 옮겨가고 있었다. 황룡과 흑룡을 번갈아 '삼십 년씩 도읍한다'는 말도 여기에서 생겨났다. 흑룡은 자기를 사냥총으로 쏴 맞춘 이찰방에게 앙갚음을 할 준비를 하였다. 갑자년이 되자, 흑룡은 큰 수해를 일으켰다. 제주섬 전역이 물속에 잠길 듯 억수 같은 비가 쏟아진 것이다. 이때 이 씨는 보리 오백 바리를 베어다 스무 남은 명의 놉들을 시켜 타작을 하였다. 그런데 곡식창고에서 하얀 강아지가 갑자기 나타나는 것이다. 어둔 밤인데 이 강아지 몸이 어랑어랑한 게 달빛처럼 환하였다 한다. 강아지는 그 땅의 운세가 다 된 줄 알고 도망을 치고 있었다. 백강아지는 이찰방 집 올레로 나가 꼬리를 탁탁 쳤다. 그랬더니 갑자기 우르랑탕 우르랑탕 우레가 치기 시작하더니 곧이어 장대 같은 비가 쏟아졌다. "어디서 이상한 백강아지가 나와 요동치니 하늘에 우레가 울었습니다." "그놈 잡아라! 그 백강아지 잡아오는 자에게 후한 상을 내리겠다." 놈들이 백강아지를 뒤쫓으니 강아지는 급히 달아나 명월만호의 창고에 쏙 들어가 버렸다. 갑자년 큰비는 사시와 오시에 걸쳐 줄기차게 내렸다. 오시말경에 말팟 위쪽 산으로부터 큰물이 하얗게 밀려오더니 마전동 이찰방네 집을 순식간에 쓸어가 버렸다.」

말팟 위쪽으론 내가없었는데 그때의 빗물로 동쪽 내가 만들어지고, '해야민내'도 그때 생겨나게 되었다 한다. 흑룡의 복수로 이찰방네 식솔들은 다 큰물에 휩쓸려가고 말았다. 다만 딸 하나가 간신히 살아, 혼기가 되자 애월읍 상가리 변택에 시집을 갔다고 한다. 한때 휼민곡을 진상할 정도로 큰 부자로 행세하였던 어도리 이 찰방은 이 딸로 씨 하나 겨우 전종하여 한동안 제사를 받아먹었다 하는데, 지금은 어찌 되었는지 아는 사람이 없다. 물장오리 용들은 여전히 '삼십년씩 도읍'하며 지금도 거기 어디서 머물고 있다고 전해 온다.

월각동(月角洞)

이는 도노미 설화이다. 지금부터 약 300년 전에 한 지관이 이 마을을 지나면서 초승달은 만월이 되면 기우는 법이니 이곳에 너무 오래 살면 재앙을 만난다고 했다. 그 후 어떤 사람이 이곳에 정착하여 살았는데 날이 갈수록 번창하여 우마가 백여 두에 이르고 머슴을 몇 십 명 거느린 거부가 되었다. 이 거부는 심성이 좋지 않아 이웃 주민을 괴롭혀 강제로 노동을 시키는가 하면 품삯도 제대로 주지 않아 주민들이 원성이 날로 높아졌다. 그러던 어느 날 이 거부가 역적으로 몰려 집이 소각되고 그 터를 파헤쳐 연못을 만들어 버렸다고 전한다. 조금 다른 내용의 이야기도 있다.

「전설에 따르면 약 300년 전 어떤 지관이 이곳을 지나면서 초승달도 만월이 되면 기우는 법이니 이곳에 너무 오래 살면 재앙을 만난다고 했다. 그 후 어떤 사람이 이곳에 정착하여 살았는데 날이 지나 갈수록 번창하여 우마가 백여 두에 이르고 머슴을 몇 십 명 거느린 거부가 되었다고 한다. 이 거부는 심성이 좋지 않아 이웃 주민을 괴롭혀 강제로 노동을 시키는가 하면 품삯도 제대로 주지 않아 주민들이 원성이 날로 높아졌다고 한다. 그러던 어느 날 이 거부가 역적으로 몰려 집은 불태워졌고 그 터는 파 해쳐져 연못으로 만들었다고 한다. 이 것을 본 주민들은 다른 곳으로 이주해버려 폐동되고 말았다. 그 후 100년 전에 김항숙(金恒淑)이란 사람이 이주하여 살았는데 점차 가구가 늘어 20여 호나 되었다가 1948년 4·3사건으로 폐동되었다한다.」

도노미 본향당 전설

　이 마을에 맨 처음 정착한 문 씨 할아버지와 송 씨 할머니 부부가 생활하던 중 문 씨 할아버지는 돼지고기를 싫어했고 송 씨 할머니는 돼지고기를 매우 좋아했다. 어느 날 돼지를 몰고 가는 사람을 보고 잡으러 가는 돼지로 알고 뒤따라 간 즉 돼지 임자가 연유를 묻자 고기를 조금 사겠다고 했다.

　그러자 이 돼지는 잡으러 가는 돼지가 아니고 사또께 진상(進上) 가는 물건이라 했다. 그리고 돼지털 몇 개를 뽑아 송 씨 부인을 주면서 이것을 불에 그슬려 코에 대면 고기를 먹은 기분이나 같다고 했다.

　솔직한 송 씨 부인은 집에 가지고 와서 시킨 대로 했는데 조금도 기분이 달라지지 않았다고 한다.

　뒤늦게 들에서 돌아온 남편에게 이 사유를 고백했다. 이 말을 들은 남편은 매우 화를 내며 양반집 아낙네가 그런 수치스러운 행동을 했다며 더러워서 같이 살 수 없어 떠나야겠다고 하자 송 씨 부인은 남편에게 매달리며 자기 잘못된 행동의 용서를 빌었다.

　그래도 남편은 듣지 않고 뿌리쳐 나갔다. 송 씨부인은 남편을 향하여 가는 곳이나 알려달라고 애원했다. 남편은 한라산 백록담으로 간다고 하며 집을 떠났다. 이것이 영원한 부인의 생이별이었다.

　그 후 송 씨는 날마다 한라산 쪽을 바라보며 후회와 생식으로 남편이 돌아오기를 기다렸으나 끝내 돌아오지 않았다.

송 씨 부인은 한 맺힌 세월을 보내다가 세상을 떠났는데 그 후 마을에 흉사가 겹치자 송 씨부인 혼백을 본 향신으로 모시고 할망당이란 시초가 된 것이다.

음력 정월 십오일이면 마을 사람들이 정성을 다해 당굿을 벌였는데 굿의 목적은 송 씨가 생전에 한이 맺히도록 그리던 남편 문 씨 영감의 혼을 불러들여 영혼상봉을 이루게 하는 굿이다.

어도오름 유래

애월읍 봉성리에 있다. 이 오름에 대한 유래는 다음과 같이 안내판에 안내하고 있다.

「애월읍 봉성리에 있는 이오름은 표고가 143m이고 비고가 73m이다. 예전에는 주로 도노미라 했는데 '도'는 '길목, 어귀, 입구'의 뜻을 '노'는 '넘'의 뜻을 '미'는 '뫼'의 뜻을 가진 말이다. 곧 도를 넘는 산이란 뜻이다. '도노미오름'이라고도 했다. 한자로는 어도봉이라고 한다. 오름 형상이 옥봉귀소형이라하나 이는 민간어원설이다. 이 오름은 동서 두 개의 봉우리로 이루어져 있다. 동쪽 봉우리가 주봉이며 서쪽 봉에 조선시대 때 봉수대가 있었다. 산 전체에 해송이 주로 자라고 남동쪽 비탈에는 밀감과 키위 과수원이 조성되어 있다.」

비러물과 돔배물

어음비 설화이다. 어음비에는 예로부터 양 씨, 진 씨, 김 씨 등 세 씨족들은 항상 물 걱정을 하며 살았다.

하루는 나무 밑에서 더위를 시키는데, 하늘에 검은 구름이 끼면서 곧 큰 비가 내릴 것 같았으나 역시 비는 오지 않았다.

세 사람은 비를 기다리다가 실망하여 잠이 들었다. 그때 자그마한 돌 틈에서 용도 같고, 뱀도 같은 짐승이 나오더니 그 돌 틈에서 나오는 물에 목욕을 하다가 공중으로 날아가 버리는 꿈을 꾸었다. 하도 이상해서 깨어보니 날이 저물어 갔다.

세 사람은 꿈 이야기를 하고나서 뒷동산 쪽으로 갔다. 그곳에서 언덕을 따라 내려가 보니 숲속 사이로 물 흐르는 소리가 들렸다. 물 흐르는 소리가 나는 곳에 가보니 자그마한 암반 사이로 물이 흐르고 있는 것을 발견하였다. 목이 마른 김에 손으로 그 물을 한없이 먹었다. 세 사람이 한참동안 물을 퍼도 물이 줄어들지 않았다.

세 사람은 그 길로 집에 가서 아내들을 데리고 와서 물을 길었다. 그래도 물의 양은 여전하였다.

그 다음날부터 세 사람은 씨족을 동원하여 험한 숲을 베어가면서 길을 만들고 이 물을 식수로 이용하였다. 이때부터 이 일대를 통칭하여서 비러물이라 칭하였다. 비러물이란 날 비(飛), 올 래(來) 즉 비래(飛來)못을 이름이다.

돔베물(공샘이물)은 서쪽 하천변(정지내)에 맑고 가늘게 흐르는 샘물

인데 속칭 공생이물이라 한다. 이 샘물을 처음 발견한 사람은 고응
삼이라 전한다.

　고응삼은 신분이 천한 목자출신이면서도 풍수지리에 신통력이 있
었다. 어느 날 명당을 찾기 위하여 산천을 헤매다가 물을 먹고 싶었
으나 물이 없었다. 그는 하천변 나무 그늘에 쉬면서 지세를 살펴보
니 반드시 그 주변에 생수가 있으리라 판단하였다. 사방을 두루 살
펴보던 중 참새 한 쌍이 물에 흠뻑 젖어 바위틈에서 나오는 것을 보
고 우거진 숲을 헤쳐 암반 속에서 생수를 발견했다고 한다. 이때부
터 고응삼의 이름을 따서 공샘이로 알려져 있다. 이와 다른 이야기
도 전해온다.

「마을에서 고응삼이라는 풍수지리사를 초청하여 물이 잘 고이고 생수라도
나올 곳을 답사하던 중 이곳을 택하였다. 3질(사람의 키 3배) 이상을 파고 도
마를 크게 만들어 상(床)으로 이용하여 제물을 올리고 정성으로 제사를 올리자
억수같은 비가 쏟아졌다. 그래서 제상도 철거하지 못하고 그대로 두었다. 다
음날 가보니 그 급수장에는 물이 가득 차 있고 물위에 떠올라 있어야 할 도마
와 제물은 흔적도 없이 사라졌다. 그 후 물밑에서 수량이 풍부한 생수가 솟아
나와서 아무리 가물어도 언제나 급수장에는 물이 가득 찼다. 급수에는 지장이
없었으며 100여년 후에야 제사를 지냈던 도마가 물 위로 떠올랐다. 그 물을
'돔배물'이라 불렀다.」

부(富)저리 설촌 전설

고려 초, 상시동(상시머름)에 부저리라고하는 사람이 살고 있었다. 그는 당시 탐라국(제주도)에서 제일 부자였다고 전해온다. 설에 의하면 부저리가 살고 있는 집에 생활도구가 전부 은으로 만들어 사용했다고 한다. 은수저, 은쟁반, 은방에 귀가 있었다고 전해진다. 지금도 부저리가 살고 있던 밭에 가보면 기왓장이 나온다. 지나가던 노승이 부지리에게 30년 후에는 이곳을 떠나라고 말하였는데 부저리가 노승의 말을 듣지 않고 살다가 30년이 되는 날 폭우가 쏟아져 전부 매몰되어 전 가족이 사망하였다고 전해지는 채록 내용은 다음과 같다.

「우리 밭에 부저리 터가 있는데, 아주 부자여. 건디 그 사람이 역적으로 몰렸어, 역적으로 몰린 건 이 너무 부자라부난. 높은 놈이 저리로 배 탕 와 가지고 부저리를 억압적으로 눌르젠 허영 막 시켯주. 건디 신 80개 삼아내라 허민 1시간에 신을 80개 딱 삼아 내치곡, 마리 내여노라 허민 마리 탁 묶엉 내치고, 뭐 내노라 허민 뭐 탁 내놓고. 부저리 거기 묻었어. 묻힌 무덤도 있어. 그런데 그 부저리가 참외를 싱그면은 은수저, 놋접시로 다 그 옛날 고물도 다 나왔어. 그걸 밭에 가믄 흔적으로 알 수 있어.」

비래못(飛來池)의 전설

비래(飛來)못의 발견은 서기 1730년 정동이(丁洞伊)에 설촌한 이후였다 한다.

이곳에 설촌과 동시 여러 씨족이 모여옴에 따라 양씨, 진씨, 김씨 등은 속칭 거리왓과 뒷동산을 중심으로 해서 농토를 확보하고 주택을 마련하고 살게 되자 역시 식수난은 여전하였다. 식수난은 물론, 가축의 급수난도 겹치게 되었다. 양 씨, 진 씨, 김 씨 등 삼 씨족들은 항상 물 걱정을 하게 되었다.

하루는 나무 밑에서 더위를 시키는데, 하늘에는 검은 구름이 끼고 곧 큰 비가 내릴 것 같았으나 역시 비는 오지 않았다.

비를 기다리다가 그만 실망하고 말았는데 그만 잠이 들었다. 그때 어느 분이 꿈을 꾸었다. 자그마한 돌 틈에서 자그마한 용도 같고, 뱀도 같은 짐승이 나와서 그 돌 틈에서 물이 나오는데 목욕을 하다가 그만 공중으로 날아가 버리는 꿈이었다. 장소는 험한 나무숲이 우거진 비탈진 곳이고 높은 언덕 밑에 돌 틈이었다.

하도 이상해서 깨어보니 날이 저물어 가는데 3사람은 꿈 이야기를 하고나서 뒷동산 쪽으로 갔다. 그 부근은 큰 언덕이 아니었고 숲속이 많은 점을 되새겨서 현재의 비러물 동산까지 갔다.

그곳에서 언덕을 따라 내려가 본즉 숲속사이로 물 흐르는 소리가 들렸다.

그곳을 가보니 자그마한 빌레돌 사이로 물이 흐르고 있는 것을 발견하고 목이 마른 김에 손으로 그물을 한없이 먹었다.

세 사람은 한참동안 있어서 물을 퍼보아도 그대로 물이 흐르고 물이 줄지 않았다. 그래서 그 분들은 그길로 집에 가서 부인들을 데리고 이곳에 와서 물을 길었다. 그래도 물의 양은 여전하였다.

그 다음날부터 세 사람이 씨족을 동원하여 험한 숲을 베어가면서 길을 만들고 이물을 식수로 이용하였고 이 부근을 통칭하여서 비러물이라 칭하여 이 물을 하늘에서 날아와 물을 주었다 하여 한자로는 날 비(飛), 올 래(來) 비래(飛來)못이고 속칭 '비러물'이라 부르고 있다.

정동이(丁洞伊)와 거리왓 부근에서 살던 사람들은 이물을 식수로 이용하였고 그 후 가축용수를 얻기 위하여 바로 이 물 옆에 땅을 파서 동산에서 모여드는 물을 고이게 하고 가축의 급수와 목욕물로도 이용하였다.

이곳에서 물을 얻게 되자 여러 씨족들이 현신동 부근에 모여 살게 되고(처음에는 속칭 배낭골, 거리왓, 하니골 등) 그 부근에 양 씨, 김 씨, 진 씨, 이 씨, 강 씨가 모여서 동네가 조금씩 커지고 또한 부근에 농토를 확보하여 살게 되었다.

이 물은 계속 나서 1945년 해방될 때 까지도 그곳을 지나서 농장으로 갈 때에는 이 물을 길어서 농장에서도 먹고 또한 농장에서 집으로 올적에는 물을 길어서 온다.

1940년경에는 또 이물 부근에 땅을 사서 큰 물통을 파서 식수로 이용하다가 1963년도에는 최산전(崔山田)에 심정굴착을 해서 위생

적인 급수로 이용하기 때문에 예전에 이용하던 물통들은 거의 폐수
(廢水)로 되고 말았다.

돔베(도마)물

어음2리 리민관 동측 400m 지점에 수도 시설 전까지 전 리민이
급수하였던 100여 평의 음료수장이 있고, 인접 200여 평의 우마 급
수장이 있다.

지금으로부터 300여 년 전 고응삼이라는 풍수지리사를 마을에서
초청하여 물이 잘 고이고 생수라도 나올 곳을 답사하던 중 이곳을
택하여 3길(사람의 키 3배) 이상을 파고 도마를 크게 만들어 상(床)으로
이용, 제물을 올리고 정성으로 제사를 올리자 억수같은 비가 쏟아
지므로 도마상도 철거하지 못하고 익일 가보니 그 급수장에는 물은
가득차 있고 물위에 떠올라 있어야 할 도마와 제물은 흔적도 없이
사라졌다.

그 후 물밑에서 수량이 풍부한 생수가 솟아 아무리 가물어도 언제
나 급수장에는 물이 가득차서 급수에는 지경이 없었으며 100여 년
후에야 제사를 지냈던 도마가 물위에 떠올라 그 물은 '돔베물'이라
칭하고 그 전설은 현재까지도 전하여지고 있다.

금산공원(錦山公園)

한라의 영기가 힘차게 뻗어내려 오좌자향(午坐子向)의 지세를 이룬 납읍 금산공원은 동북쪽으로는 곱게 단장한 고내봉이 향립하여 있고, 남쪽으로는 강개동산이 후병풍으로 받쳐주고 있으며, 서남쪽으로는 검은닭루 재석동산이 마치 병풍을 두른 듯하며, 서북쪽으로는 과오름이 지반을 받쳐 호위하고 있어 사방에 우람하게 펼쳐있는 수려한 경관과 정경은 모성애가 넘쳐흐르는 어머니의 다정한 모습을 연상케 한다.

1970년 경 외곽 지역인 곰팡이, 둥댕이 등지에서 거주하던 주민들이 마을 중앙지점으로 모여 살게 되어 100여 가구에 달하는 자연마을이 형성될 무렵부터, 마을 중심 남동쪽의 '된밭'의 거대한 암석이 노출되어 시각적으로 보기에 좋지 않을 뿐만 아니라 특히 동상동 댁거리 동네에서는 한림읍 금악봉(검은오름)이 화체(火體)로 보이므로, 이 '된밭'에 나무를 심어 흉하게 보이는 화체를 막지 않으면 불의 재해를 면하기 어렵겠다는 풍수지리사의 의견에 따라 마을사람들이 조림을 하게 되었다고 한다.

여기에 금산 보호에 관한 일화를 소개하면, 1946년도 사장터에 초등학교를 신축하게 되었는데 마을 주민들은 학교건물 재목이 부족하자 부득이 금산에 있는 황송 등 큰 나무들을 벌채하여 금산이 훼손된 일이 있었다. 그 후 4·3사건으로 온 마을 사람들이 고향을 버리고 애월, 고내, 곽지 등 인근 해안 마을로 소개(疏開)를 갔다가 귀향한 이듬해인 1951년도에 댁거리 동네에 큰 줄불 화재가 일어나 가옥 7채가 전소되는 등 큰 폐해를 입은 사고가 발생했다. 이후부터 민심이 흉흉하여 온 마을 주민들이 금산 나무 보호에 더욱 더 정성을 쏟게 되었다고 한다.

마을주민들은 재해를 막고 미화하자는 의견이 모아져 조림계획을 수립하여 체계적으로 식수하는 한편 일체의 방목·벌목 등을 엄금하였다. 처음에는 산의 이름을 금할 금자 금산(禁山)이라 하여 단순히 나무를 보호하는 산에 불과하였는데, 수백 년 동안 철저히 보호 관리한 결과 난대림을 비롯하여 수많은 수목이 자라나니 그 경관이 수려하기가 그지없어 비단 금자 '금산(錦山)'이라고 고쳐 부르고 있다.

인장묘발지지(寅葬卯發之地)

변흥덕(邊興德)은 이 마을에서는 두 번째로 등과한 분으로 벼슬이 옥당에까지 올랐었다. 그 때에 육지에서 온 진거사라는 분이 흥덕(興德)을 뵈러 왔다가 꿩장이동산 뒤에 있는 인장묘발지지(좋은 산터)를 흥덕의 신묘지지로 봐주었다.

그런데 흥덕네 집에는 강 씨 성을 가진 머슴이 어머니와 함께 살고 있었다. 그 머슴이 곽남 밭에 우마를 놓으러 갔다가 마침 돌담에 의지하여 잠자고 있는 사람을 보았다. 그를 깨우려고 발로 찼던 것이 그만 그 사람이 의지했던 담을 무너뜨려, 잠자던 사람이 깔려 죽게 되고 머슴은 살인죄로 관가에 잡혀가게 되었다. 그러나 마침 머슴 어머니의 병이 위독하여 홍덕은 손을 써서 머슴이 관청의 사령들과 같이 집에 와서 머물 수 있도록 하였다.

그러나 얼마 못 가서 어머니는 죽어버렸고 홍덕은 자기에게 열심히 일을 해준 머슴에게 '인장묘발지지'에 어머니 묘지로 쓰라고 선뜻 내주었다. 장지를 마련한 머슴은 장사를 지내게 되었는데, 장삿날 홍덕은 머슴에게 명정을 내버려두고 가라고 일러 주었다. 머슴은 그 말대로 하여 장지에 가서 하관을 하려고 보니 명정이 없어 하관을 못하게 되었다. 하는 수 없이 집에 가서 명정을 가져오려고 머슴이 나서자 사령들이 같이 따르려 했다. 홍덕은 '부모님 장사 지내는 놈이 도망갈 리가 있겠느냐?' 하였다. 사령들은 쫓기를 그만 두었고 머슴은 이 틈을 이용하여 금악 지경의 '알곳'이라는 곳까지 안전하게 도망을 쳐서 굴을 찾아 은거하였다.

하루는 어떤 여인이 지나다가 같이 살자고 청했다. 머슴은 은근히 마음이 쏠렸지만, 죄 지은 몸이라 그럴 수 없다고 거절했다. 그러자 여인은 자기도 시가를 배반하고 친정에서 쫓겨나 죄 지은 몸이라 하였다. 서로 비슷한 처지여서 뜻이 맞아 같이 살게 되었다. 농사를 짓고 우마를 길러 잘 살게 되자, 돼지를 잡아 부인의 친정에도 보내어 결혼 승낙을 받고, 돼지 다리 한 쪽과 탁주를 준비하여 홍덕을 찾아갔다. 죽을 줄 알았던 사람이 살아 돌아오자 홍덕은 매우 반가워하며 그 동안의 경위를 묻고 선물로 암소 한 마리를 주었다. 그 후 세월이 흘러 세상이 바뀌자 이제 숨어 살 필요가 없다는 생각을 하여 '골'이라는 풀밭을 개간하여 밭을 만들고 농사를 지어 큰 부자가 되고 후손들이 번창하였다.

열희을

'열희을'은 바리매 오름 뒤쪽에 위치해 있는데, 밤마다 사슴이 와서 질퍽질퍽한 흙에 성기를 꽂았다고 한다. 소길 사람 박 씨는 그 말을 듣고 사슴을 잡으려고 활을 준비하여 숨어서 기다리고 있었다. 밤이 깊어 동쪽에서 우는 아기를 업은 여자가 가까이 오더니 "이놈의 아들 여기 왔구나. 집이 불타고 세간이 없어져 못 살게 되었는데도, 한가히 여기 와서 사냥만 하고 있으면 살아지겠구나."하고 말하는 것을 가만히 쳐다보니 자기 부인이었다. 그러나 박 씨는 깊은 밤중에 부인이 여기까지 올 리가 없다. 요물임에 틀림없다는 생각하고 "이 년, 못 생긴 년!"하며 활을 쏘아 죽인 것을 보니 꼬리가 아홉 개나 달린 여우였다고 한다.

문국성과 소목사

납읍리에 문국성이라는 이가 살았다. 용모가 장군의 형세인데 풍채가 으리으리하고 힘 또한 장사였다.

문국성은 일찍이 서울에 올라가 장안을 주름잡으며 거리낄 데 없이 행동하였다. 조정에까지 소문이 들어가자 임금은 이런 문국성의 행세를 은근히 걱정하게 되었다. 이놈이 용모는 장군형인데 너무 협잡스럽게 행동하는 걸로 보건대, 필시 국가를 해칠 우려가 있다고 생각한 것이다.

임금은 고심 끝에 당시 국지리로 있는 소두산을 제주 목사로 보내기로 하였다. 지리에 능한 소목사가 문국성의 선묘를 탐색하고 미리 조치를 취하도록 하게 할 목적이었다.

소목사는 제주 목사로 부임해 왔다. 임금의 명을 잊지 않고 소목사는 곧 문국성의 선묘의 소재를 탐지해 내었다. 선묘는 납읍리에 있었다.

제주를 한 바퀴 순력하면서 소목사는 일부러 납읍리에 들렀다. 사령을 시켜 문국성의 부친을 불러들이고는 그 선묘를 볼 수 있겠느냐 제의하였다.

"내 서울에 있을 적에 문국성과 친분이 두터웠는데, 그런 훌륭한 인물이 났으니 선묘가 좋은 곳이라 생각되오. 한번 구경시켜 줄 수 없겠소?"

지리에 능한 목사또가 구경을 청하니 이런 영광이 어디 있으랴하고 문국성의 부친은 조금도 의심하지 않았다. 부친은 곧 납읍 오름에 있는 선묘로 목사를 안내하였다.

소목사는 주위를 휘 둘러보고는 퍽 아쉬워하는 눈치를 보였다.

"허허, 아쉽다. 이 묘는 호형에 썼는데, 그만 호랑이 눈썹에 가 묻었구먼. 눈알에 묻었더라면 영웅 열사가 날 것인데 조금 아쉽게 되었군."

문국성의 부친은 이 때문에 아들이 서울에 가도 아직 벼슬을 하지 못하는가 생각하였다.

"목 사또 나리, 그러면 어떻게 하면 좋겠습니까?"

"이 묘를 요만큼 눈알의 위치로 내려 묻으시오."

문국성의 부친은 백배사례하며 곧 묏자리를 소목사가 이른 대로 내려 묻었다.

실은 정확히 호랑이의 눈알 위치에 묘가 있었던 것이다. 그런데 소목사의 계략을 모르고 정자리를 떠서 내려 묻어버리고 말았다.

이로 인하여 문국성은 끝내 영웅이 되지 못했다고 전해온다. 조금 다른 내용의 이야기로 다음과 같다.

「문국성은 어렸을 때부터 체격이 크고 용모가 뛰어났으며 힘도 장사였다. 자라면서 청년은 큰 뜻을 품게 되었고 그래서 서울로 올라갔다. 서울에서도 그의 힘과 용모는 소문이 자자했다. 힘으로 그를 당할 자가 없었다. 사람들은 그의 얼굴형이 장군 형이고, 힘이 센 것을 보니, 앞으로 큰 인물이 될 것이라고 생각했다. 그러한 소문은 조정까지 들어갔다. 제주에서 큰 인물이 일어난다면 위험하고, 혹시 역적이 될 수도 있다고 판단했다. 조정에서는 지리서에 능통한 소목사를 제주로 보내면서 문국성의 조상의 묘에 대해 조사하여 처리하도록 지시를 내렸다. 제주에 부임한 소목사는 임금의 명을 따라서 문국성

조상의 묏자리 소재를 알아내었다. 어느 날 소목사는 일부러 납읍리에 들려서 문국성의 부친을 만나 그 선묘를 보겠다고 했다. "나는 한양에 있을 때에 문국성과 친분이 두터운데, 그렇게 훌륭한 인물이 났으니, 그 조상의 묏자리를 한번 보고 싶소." 이렇게 청하자, 국성의 부친은 목사의 청을 거절할 수 없고, 또한 아들과 교분을 갖고 있다는 바람에 조상 묏자리로 안내했다. 문국성의 조상 묘역에 당도한 소목사는 주위를 돌아보더니 잠시 무엇인가 생각하였다. "참, 아쉽구려. 이 묘는 호형에 자리를 잡았는데, 그만 호랑이 눈섶에가 모셨구먼. 눈 앞에 모셨더라면 영웅이 날텐데⋯⋯." 혼잣말처럼 중얼거리면서 아쉬워했다. 문국성 부친은 아들이 한양으로 올라간 후에도 변변한 벼슬을 못하고 있음을 안타깝게 생각하던 터였다. "사또님. 그렇다면 어떻게 해야 되겠습니까?" "이 눈썹에 모신 것을 약간 위치를 옮겨서 모시면 되지요." 문국성 부친은 목사의 말대로 묏자리를 옮겼다. 그런데 사실은 묘를 제대로 썼는데, 소목사의 말대로 옮겨버렸던 것이다. 그 후 문국성은 영웅이 되지 못했다고 전해온다.」

도치돌

'도치돌'은 가로 5m 높이 6m 크기의 삼각형 모양으로 날카로운 도끼의 날 형상을 한 거대한 바위이다. 납읍리와 어음리 경계를 이루는 하천변에 위치하며 도치돌 주면에는 심돌이라는 도끼를 가는데 사용되는 사각형의 넓적한 돌과 뒤로는 병풍처럼 펼쳐있는 암석이 '도치돌'을 에워싸고 있다. 또한 부근에는 속칭 '궤'라고 통하는 작은 바위굴들도 있어 더욱 신비감을 준다. 도치돌에 얽힌 옛이야기는 다음과 같다.

「옛날 제주에 유배온 한 장수가 권토중래를 꿈꾸며 '도치돌'에 검을 갈면서 무예를 연마하다 끝내 뜻을 이루지 못하고 생을 마감했다는 이야기이다.」

이 돌은 예전에 이곳을 지나던 농부들이 이정표와 쉼터 구실을 해왔고 지금도 소공원을 마련하여 마을 사람들의 쉼터가 되고 있다.

특히 '도치돌 가든' 식당 앞에 있는 소나무는 곽지리와 납읍리 사람들이 예전에 벌초를 끝내고 만나는 장소였고 하루 일과를 끝내는 사람들의 휴식처로 음식을 나누어 먹던 정겨운 자리이다.

납읍 진펭이와 여우

납읍 마을에 살던 진펭이란 사람이 살았는데, 장의(掌議)벼슬을 지내는 터라 자연히 성안(제주목)에 있는 향교에 출입이 잦았다. 어느 날 그는 향교에서 당번을 섰는데 마침 그 날은 부친의 제삿날이었다. 제를 보러 가기 위해서는 반드시 폭낭굴 앞을 지나야 할 판이었다.

제를 올릴 시간은 다 되어가고, 하는 수 없이 말을 타고 가기로 했다. 이내 말위에 안장을 얹어 놓고 집으로 달리기 시작했다. 막 폭낭굴 앞에 당도할 즈음 얼굴이 어여쁜 처녀 하나가 대바구니를 들고 나타났다. 진펭은 이게 여우일 거라고만 생각하는데 처녀가 먼저 말을 걸어왔다.

"어디로 가시는 길이옵니까?"

"나는 저 납읍에 가노라."

"같이 동행하는 게 어떻겠습니까? 마침 저도 그쪽으로 가는 길이니……."

"좋다. 그러면 내 뒤에 타거라."

처녀는 곧 말안장에 올라 진펭이 바로 뒤에 걸터앉는 것이었다. 처녀가 앉자마자 진펭은 도포 끈을 풀어 그 처녀가 자신의 등 뒤로 찰싹 달라붙게 묶어 갔다. 처녀는 당황한 듯이

"아, 이렇게 묶지 마세요."

하며 앙탈을 부렸다.

"아. 여자가 말을 타 보지도 않았을 텐데, 그러다 도중에서 떨어져 죽게 되면 어쩌려고……."

진펭은 그의 고집대로 말고삐를 당겨 계속 달렸다. 거의 마을이 가까워갈 즈음 동네 개들이 요란하게 짖어대기 시작했다. 바로 그때였다.

"선비님 이 도포 끈을 풀어주십시오. 소피를 봐야겠습니다."

"음, 점잖은 처녀가 길가에서 소피를 보겠다는 말이 그게 뭔 말인가, 좀 참지."

진펭은 처녀의 말도 아랑곳하지 않고 계속 말고삐를 당겨 곧바로 집으로 향했다.

"여봐라, 대문을 열어라."

아무 대답이 없었다. 제도 끝난 모양이었다. 그러나 개만 나오면 이 처녀의 정체가 드러나고 말 것이란 것을 굳게 믿고 있었다. 바로 그 순간 처녀는 갑자기 여우의 본색을 드러내며 몸부림치는 바람에 도포 끈이 끊어지며 내빼는 것이었다. 그때야 머슴이 대문을 열기 위해 달려왔다.

"어찌 문을 열라고 외쳐도 열지 않았느냐?"

"이제 막 제사를 지내는 중이라서……."

다행히 제사를 모시고 잠자리에 들었지만 진펭은 이런저런 생각에 잠이 오질 않았다. 그 여우가 다시 악행을 저지를 것이 분명했기 때문이다. 그날 밤은 거의 뜬 눈으로 밤을 보내고 이튿날부터 여우 사냥에 나섰다. 오직 그 여우를 잡고야 말겠다는 생각으로 광령 들판을 헤집고 다녔지만 여우는 보이질 않았다.

정처 없이 들판을 헤매고 다닌 지 열흘 째 되는 밤, 무슨 무당이 기원하는 듯 한 소리가 어슴푸레 들려왔다. 계속 그 소리를 쫓다보니 그것은 여우가 살고 있다는 폭낭굴에서 나는 소리였다. 그는 소리 없이 굴속으로 슬며시 들어갔다. 굴 안을 살펴보니 살쾡이 한 마리가 뱀을 목에다 걸고 앉았고, 그 옆에 족제비가 앉았는데 여우는 어디 가서 잡았는지 닭 한 마리를 제상에 당유자와 같이 올려 기도하고 있었다. 여우가 기원조로 노래해 가면 살쾡이는 '궁궁'하며 울음소리를 냈고 족제비는 '짝짝'거리며 울음소리를 냈다. 이게 바로 여우의 기원조에 맞춰 장단을 치는 것인데 '궁궁 짝짝 궁궁 짝짝'하며 제법 구색이 맞춰졌다.

「아야 귀여 당나귀여/ 누가 베인 귀냐/ 납읍 진펭이 베인 귀여/ 진펭이 원수 풀이 허여줍서」

제법 진펭이가 죽기를 기원하는 소리는 장단에 맞춰 은은하게 들려왔다. 아무래도 그냥 놔둬서는 안 될 요물이라 생각한 진펭이는 기도에 정신이 팔린 여우의 뒤통수를 맞춰 조준하기 시작했다. 숨을 죽여 활시위를 놓자 여우는 그 자리에서 숨을 거두고 말았고, 살쾡이와 족제비는 궁궁 짝짝 궁궁 짝짝 소리를 내며 어디론가 도망쳐 버렸다.

당릉(唐陵) 납읍 전설

곽(郭)오름 한가운데 위치한 무덤이다. 당(唐)나라 태자 일행이 이곳에 왔다가 태자가 죽으니 거기에 장사지낸 곳으로 전해지고 있는 곳이다. 당의 태자가 이 마을에 온 이유는 확실하지 않으나, 일설에는 불로초를 캐러 왔다가 그들이 가지고 온 물건들을 탐낸 마을 사람들이 죽여 버렸다고도 한다. 객지에서 죽게 된 태자는 자기의 이름 석 자를 써서 바다로 날렸더니 본국에 다다라 중국에서는 보복하려고 일행이 이르렀으나, 산 터가 너무 좋아서 마을에 피해를 주지 않은 채 그대로 돌아갔다 한다. 후일 곽지에 사는 김 씨 성을 가진 사람이 그 위에 묘를 썼는데 상주들이 꿈에, 죽은 태자는 발이 틀려 견딜 수가 없다는 것이 아닌가. 그래서 묘를 파보니 시체의 무릎 뼈가 부서져 있어서 이묘 하여야 했다.

한편 그 무덤이 당나라 사람들과는 전혀 관계가 없다고 말하는 사람들도 있다. 사또가 순력을 다니면서 처녀를 데리고 다니다 죽으니, 거기에 무덤을 만들고 당릉이라 했다고도 한다.

명필 김용징(金龍懲)

예로부터 과거를 숭상해 온 과납은 문무(文武) 양과에 등과한 훌륭한 인재들이 많이 나왔는데, 그 중에서도 특히 학문이 뛰어나 출세한 사람이 바로 김용징(金龍懲) 선생이었다.

선생은 매우 영특하여 4세에 언문(한글)을 익히고, 7살에 한 시를 지었다고 한다. 유년 시 전북 부안으로 유명한 스승을 찾아가 15년간 수학하여 1832년(순조 32년) 전주 승보시에 합격하고 1838년(헌종 4년)에 제주 승보시에도 합격하였다.

그 후 성균관에서 공부를 더 하여 1843년(헌종 9년) 회시 문과 사마시에 3등으로 합격하여 성균 진사가 되었다. 그 후 귀향하여 제주 3

향교 교수를 20여 년간 역임하였으며, 제주향교 교수는 40여년을 역임하면서 제자들을 양성하였다.

특히 선생은 성품이 온화하고 순백하여 사리보다는 공익을 우선하는 정신으로 평생 사도의 길을 걸어 후진을 양성하고 세칭 '청유(淸儒)'라 칭하며 만인의 존경을 받은 유학자이며 교육자이고 시인이다. 특히 과납 금산에서 유생들과 풍류를 즐겼다 한다.

선생이 어려서 고향을 등지고 전라북도 부안에서 글씨 공부를 하게 되었다.

하루는 그가 공부하는 방에 어떤 글장이가 찾아와 글씨 잘 쓰는 사람을 보내 달라는 요청을 하여 글방 주인은 선생을 추천하였다.

그가 글쟁이의 집에 이르렀을 때에 글쟁이는 비스듬히 누운 채 있었고, 선생이 다가서자 일어나지도 않고

"어디 살아?"

하고 물었다. 뜻하지 않은 푸대접을 받은 선생은 약간 기분이 언짢았지만, 그래도 마음을 억누르고

"제주에 삽니다."

하자, 글쟁이는 반대편으로 돌아누워 버렸다. 옆에서 이 광경을 보고 있던 주인이 하도 안타까워 선생에게 지필묵(紙筆墨)을 내놓으며 글씨를 쓰라고 하였다. 선생이 한 구절 쓰고 나니

"명필일세."

하고 주인이 감탄하였다. 그 소리를 듣고 글쟁이가 그 글을 보고는

"제주 아니지?"

"틀림없는 제주이다."

하자 선생을 다시 보고 그 다음부터는 높이 받들었다고 한다.

또한 선생은 현인(賢人)으로서 성질이 매우 어질어, 자기 집 종이 잘못했을 때 보릿대를 한 줌을 잡고 때렸다가 너무 여러 대 때린 것을 뉘우쳤고, 잘못한 사람을 보고 사람 아니라고 했다가, 사람을 보고 사람 아니라고 했으니 그보다 더한 욕이 없다고 크게 뉘우쳤다. 뿐만 아니라 천둥이 치면 언제나 마루에 눈을 감고 꿇어앉아 '인간의 죄를 용서해 주십사'고 하늘에 기도를 하였다고 한다.

하지만 집안일이나 농사일은 매우 서툴렀다는 채록된 일화가 다음과 같이 전해 온다.

「선생이 나이가 들어 초로(初老)에 접어들 무렵 부인과 하인들이 마당에 멍석을 펴고 곡식을 널어놓고는 밭에 일하러 갔다. 집에서 선생 혼자 글을 읽는데 마침 소나기가 오자 곡식을 담아 비에 젖지 않게 할 생각은 하지 않고 마당의 빗물이 고여 담벼락으로 흘러가는 맨 끝인 '물꼬'를 막고는 계속 책을 읽었다. 나중에 부인이 돌아와서 '비가 오는데 왜 곡식을 담아 집안으로 들여놓지 않았느냐?'고 물었더니 '물꼬를 막아 곡식은 거기 다 있으니 마찬가지이다.'라 하였다고 한다. 다음 이야기로 어느 가을 날 쇠촐밭(소꼴밭)에 베어 놓은 쇠촐(소꼴)을 집으로 운반해야 했다. 당시에는 마차가 없으므로 운반은 사람의 등짐이나 소에다 쇠질매(소길마)를 채운 다음, 쇠질 매 위에 쇠촐짐을 싣고 집으로 나르는 것이다. 하루는 하인들이 바빠 선생이 쇠촐짐을 잔득 실은 소를 몰고 집으로 오는데 그만 쇠촐짐의 양쪽 균형이 잘 맞지 않아 한 쪽으로 기울어졌다. 그러자 선생은 기울어진 쪽 소의 다리를 억지로 들고 발밑에 돌을 끼워 넣어 균형을 맞추려 했다. 하지만 아무리 해도 균형을 맞출 수가 없었다. 그때 마침 지나가던 여인이 그 모습을 보고 하도 기가 막히어, 적당한 돌을 찾아 쇠촐짐에서 가벼워 위로 올라간 쪽에 끼워 넣었더니 양쪽 균형이 잘 맞았다. 생각해 보면 지극히 당연한 이치이지만 평소에 공부만 하고 이런 일을 거의 해본 적이 없는 선생으로서는 매우 신기한 일이었다. 그러자 선생은 소를 길가에 그냥 둔 채 집으로 돌아와서는 평소 읽던 온갖 책을 다 뒤져 보면서 '도대체 어느 책에 그와 같은 것이 나와 있는지 알 수 없다.'고 했다 한다.」

고선전(高宣傳) 납읍 전설

약 300년 전 고선전은 곽지 사람으로 납읍리의 모자라는 식수를 해결하는 데 큰 공헌을 했다.

당시 납읍리에는 인구가 별로 많지 않아 곽지에서 인부를 데려다 우물을 파야 했는데, 다른 마을 사람들은 청해 다가 일을 시키고 있으니, 식사는 못 대접해도 술을 주어야 했다.

술은 몇 항아리 없고 인부들은 많아서 술이 부족하게 되어 난처해진 고선전은 술그릇을 가져오게 하여, 처음 가져온 것을 너무 크다고 돌려보내고, 두 번째도 돌려보내고, 세 번째 사발을 가져오자

"이걸로 요만큼씩 주면 꼭 맞겠다."

하여 그 그릇으로 술을 따라 줬더니 인부들이 다 먹고 남지도 모자라지도 않았다. 그 후로 사람들은 이 분이 보통 사람이 아니라고 우러러 보게 되었다.

말년에는 일국의 대장이 되었다. 마침 북적(北狄)이 쳐들어오매 난을 평정하고자 하였는데 이미 평정됐다는 소식을 듣고 의혈(義血)이 북받치고 병이 나 죽었다 한다.

현천문(玄天文)

현천문은 천문에 매우 능한 사람이었다. 그는 조선 백성이 머리를 깎을 것을 예언했고 '굴인총매인골(堀人塚賣人骨)'해야 시대가 변할 것이라고 하였으며, 별을 헤아려 중국에서는 원세개(袁世凱)가 황제로 들어설 것을 예언했다.

하루는 선경이라 사람의 조부장과 산 터를 보러 가는데 도끼를 메고 산으로 올라가는 사람이 있었다. 선경의 조부장이

"나무나 잘 함직한 사람이야!"

라고 하자 천문(天文)은

"저게 사람으로 보입니까?"

하고 물었다.

"그러면 사람이 아닙니까?"

라고 반문하자

"조금 있으면 알 수 있을 겁니다."

아니나 다를까 조금 있으려니 나무를 치는 소리가 들리고 잠시 후에 비명이 들려 올라가 보니 방금 올라간 사람이 나무를 하다가 귀신이 되어 있었다. 이렇듯 천문에 능통하고 예언을 잘 했지만 그의 후손들은 쪼들리는 생활을 하게 되었으니, 그것은 가문의 운이 다한 탓이었다.

즉 그의 처가 돌아가자 장사를 지내야겠는데, 아들은 아버지께서 정시(地官)를 하니까 아버지가 알아서 할 테지 하고, 아버지는 아들이 상제니까 무슨 말이 있겠지 하고 서로 미루면서 묵묵(默默)하였다. 장날이 가까워서 아버지는 아들들을 불러 놓고

"어머니 상을 만났는데 어떻게 할 거냐?"

아버지가 묻자,

"아버지가 계시니 아버님께서 알아서 할 일 아닙니까?"

이 말을 들은 천문은 하도 기가 막혀

"너희들이 상주니까 나를 청해야 하는 것이지, 그러는 게 아니다."

하고 타일렀다. 이 말을 들은 아들들은 아버지를 청하고 어머니 묏자리를 구하러 가는데, 아버지가 좀 나은 곳을 가리키며 여기가 어떠냐 물으면 마음에 안 든다 하고, 좀 더 나은 곳을 가리켜도 마음에 들지 않는다 해서 세 번째는 아주 좋지 않은 곳을 가리키자, 거기가 마음에 든다고 하여 장사를 치르게 되었는데, 장사날 천문은 몹시 울었다.

옆에 갔던 친구가,

"팔십 살에 장사를 했는데, 왜 그렇게 서러워 우느냐?"

비꼬며 말하자 천문은,

"상처를 해서 우는 게 아니고, 내 집의 운이 다 돼서 운다."

하고는 더욱 서럽게 울며 가운(家運)이 다 되어도 어찌할 수 없는 자신을 한탄하였다.

그가 죽어갈 때 옥황(玉皇)에서는 천지비밀을 노출시키지 못하도록 그에게 언어장애를 일으키도록 해 버렸다 한다.

우랑 새미와 통정대부 김이강(金利剛)

1597년(선조 30년)에 납읍리 앞빌레 근처에 정착하여 살고 있는 김해후인 김석구(金錫九)의 손자 김이강(1635년 생)은 신체가 건장하였다. 1660년 무렵 제주 목사가 대정현을 순시 차 출행 도중, 속칭 '두한질 틈'에 이르렀을 때였다.

목사가 행차하는 길 앞을 그가 무심코 백마를 타고 무단 횡단하자, 목사가 무엄하다고 하여 관원들에게 당장 체포하라고 추상같은 명을 내리자 관원이 그를 잡으려 뒤쫓았다.

그는 어도 2리 속칭 '자리왓'까지 도주하였으나 끝까지 추격을 받아 거의 붙잡힐 무렵 엉겁결에 '말채'를 휘둘러 관원을 말에서 떨어지게 하고 겨우 현장에서 체포 위기만은 모면하였다.

그는 그대로 계속 도주하여 납읍경 속칭 '괴동산 괴'에 임시 피난

처로 삼고 3년 동안 은거하여 근신 생활을 하면서 밤낮으로 약 6개월간 납읍리 541번지에 샘물을 파서 말의 급수용으로 사용하고, 마을 사람들의 부족한 음용수와 우마 급수용으로 사용할 수 있도록 함으로써 물 문제를 해결하여 주었다 한다.

이 때부터 샘물 이름을 '우랑 새미'라고 부르고 있으며, 이 물은 부락 주민들이 우마 급수용으로 이용하였다.

그리고 백마를 관원들에게 들키지 않고 숨기기 위하여 백마 몸 전체를 먹물로 염색하여 소위 속칭 '가래말'로 둔갑시켰다고 한다.

이와 같이 피신 근신 생활을 계속하던 중 금산 앞 '답다니' 동네에 사는 이 씨 성을 가진 두 형제가 우알력집(윗집, 아랫집)에 살고 있었는데, 형의 집에서 기르는 암탉이 울타리를 넘어 동생 집에 가서 알을 낳고 있다는 것을 알게 되었다.

형이 하루는 동생 집을 찾아가서 우리 씨암탉이 동생 집에 와서 '알'을 낳고 있지 않느냐고 묻자 동생을 그런 일이 절대로 없다고 잡아떼는 순간, 형의 집닭이 동생 집에서 알을 낳고 난 후 '꼬꼬댁, 꼬꼬댁' 소리치면서 둥지에서 나오는 것을 직접 목격하게 되었다.

그러자 동생에게 이래도 거짓말을 하겠느냐고 다그치면서 순간적으로 주먹을 휘두른 것이 그만 동생이 죽게 되었다.

살인범이 된 형을 즉시 있는 힘을 다하여 도망을 치게 되었다.

그 후 범인이 낮에는 도망을 갔다가 저녁에는 집에 몰래 들어온다는 정보를 들은 김이강은 밤에 범인의 집 근처에 한 달포를 잠복하다가 살인범을 붙잡아 관가에 신고함으로써, 그 공로를 찬양하여 공의 목사 행차 시 앞길을 무단 횡단한 죄를 사면 받았다고 한다(제보, 金益善, 남).

활을 쏘아 도적을 퇴치한 김성문(金聲文)

금산 동북쪽 일대에 도적떼가 자주 침입하여 보리쌀 등 주민들이 먹을 곡식 등 양식을 자주 도적질해 가는 일이 빈번해졌다. 김성문은 이를 물리치기 위하여 금산 동쪽, 속칭 '마이동산 괴'에 숨어 있다가 도적떼가 야간에 침입하자 도적떼가 밤에 들고 있는 호롱불을 활을 쏘아 명중시켜 도적들을 퇴치하였다. 그는 마을 안녕에 크게 공헌한 사람으로 마을에서 훈장으로 섬긴 분으로 현재까지도 그 설화가 전해 내려오고 있다.

고내 마을 형성 유래

고내리 설촌 유래는 고내항 앞에 안내 되어 있는데 그 내용은 다음과 같다.

「높을 고(高) 안 내(內)로 고지대속에 형성된 마을이라는 뜻으로 남쪽으로는 고내봉, 북쪽으로는 바다에 접해 있으며 해안도로를 따라 바다풍경이 뛰어

나며 고내 8경이 있는 아름답고 역사적으로 유래가 깊은 마을이다. 효종 4년 (1653) 이원지 목사의 〈탐라지〉에 의하면 고려 충렬왕 26년에 동서로 현촌이 설치되었는데 고내리라는 지명이 언급되어 있고, 고려 원종 11년(1270)에 항파두성의 외곽성인 애월환해장성 구축선이 고내리 해안선에도 자취가 남아있으며, 조선 태종 4년 고내에 왜구가 침입하여 인축과 재물을 약탈하려 하였다는 기록이 있으니, 고내는 고려 때부터 사람이 살았고 해변 가까이 우뚝 솟은 고내봉 정상에 봉수의 흔적이 있는 것으로 보아 예로부터 왜구의 침입을 경계하고 방어하는 전략적 요충지였던 것으로 추정된다.」

위 안내 내용 중 〈탐라지〉는 『탐라지』로, 고려 충렬왕 26년을 고려 충렬왕 26년(1300)으로, 조선 태종 4년을 조선태종 4년(1404)로, 고내 8경을 고내 10경(8경도 좋다)으로 수정 되었으면 한다.

고내 원담

원담이란 바다 돌담을 축조 해 놓고 밀물 따라 몰려든 고기떼들이 썰물이 나면 그 안에 갇히어 쉬 잡을 수 있게 만든 돌 구물로 고내항 외벽에 있었다고 전해온다. 지금도 그 흔적이 남아 있다.

고내오름(고내봉) 유래

고내가 '고니/고노'로 변이되어 고니/고노오름, 이를 한자로 고내봉(高內峰)이라 하고 있다. 예전에 봉수대가 있었음에 연유하여 망오름이라 불리기도 한다. 고내리가 선정한 고내팔경의 경배목적(鯨背牧笛)에선 이 오름의 모양새를 고래의 등허리에 빗대고 있음은 오름의 유래는 물론 마을 이름을 규명하는 의미 있는 비유인 것 같다.

오름 중턱에는 1920년대에 창건된 보광사(普光寺)가, 정상에는 이동통신중계기가 세워져 있다.

조선 시대 때 이 오름 정상에 고내망이라는 봉수대를 설치했기 때문에 망오름이라고도 한다. 오름 전체는 5개의 봉우리로 이루어졌는데 북쪽의 주봉은 망오름, 남동쪽 봉우리는 진오름, 서쪽 봉우리는 방에오름, 남서쪽 봉우리는 넙은오름, 남쪽 봉우리는 상뒷오름이라 하고 고릉유사가 있었다한다.

고내봉의 안내문에는 다음과 같은 내용이 쓰여 있다.

「애월읍 고내리 산 3-1번지 일대에 위치하고 있는 오름으로 고내마을 남동쪽을 버티고 있어 한라산 조망을 가린 표고 175m 비고 135m 둘레 3,240㎡로 일주도로변에 연접되어 있으며 정상까지는 20여 분이 소요되고 있고 마을이름 고내가 전이되어 고니오름, 고노오름으로 불리다가 이를 한자로 고내봉이라 하고 있다. 크고 작은 5개의 봉우리가 남북으로 길게 이어지며 고내리는 무론 상·하가리에 뻗혀있는 오름으로 오름 모양새가 고래의 등허리에 빗대고 있으며 오름 중턱에는 1920년대에 창건된 보광사가 있다.」

허벅오름

마을 서상동 서쪽에 있는 그리 높지 않은 동산이다. 이곳은 지형 상으로 보아 마치 범이 엎드려 있는 모양이어서 호복(虎伏)오름이라 하였는데 와전되어 허벅오름이 되었다고 한다.

동문잉석(東門孕石)

동문잉석은 마을 동쪽 어구 한길의 구비 도는 곳에 남쪽으로 낭떠 러지가 되어 있고 높이 5m 가량의 거석이 있어 그 곁에 곰솔 서너 그루가 낙락장송으로 서 있었다. 그 돌모양이 마치 애기를 밴 여자 와 같다 하여 속칭 아기밴돌이라 하였다. 예로부터 이 돌은 마을 동 쪽 어구에 서서 마을을 지키는 돌이라 생각되었고 이 돌 앞을 지나 가는 나그네들은 나무 그늘에서 일단 쉬면서 이 돌 중간 배부른 부 분을 돌멩이로, 조상가면 발을 차지 않고 편히 갈 수 있다하여 자그 마한 먹돌 들이 얹어져 있었다. 그러나 근간에 일주도로의 구부러 진 부분을 곧게 확장하면서 이 돌을 발파하여 없애버리니 지금은 절 단된 낭떠러지만이 남아있다.

곡탄유어

마을 서쪽 해안선이 구부러져서 자연히 만을 이루었는데 이를 고분여라 불리고 있다.

우주물

고내리 1101번지 일대로 마을 홀구 위에서 용출되는 샘이다. 포구에 접하여 있으므로 이 샘도 들물 때면 짠 샘이 된다. 주위에 인가가 많으므로 예부터 마을 사람들의 주요한 생활용수로 사용되기도 하고 빨래 물 구실을 하기도 하였다. 이 물도 동류수인데 우주물이라 불리는 유래는 우자는 '언덕사이 물 우'자이고 '물노리 칠 주' 자이다. 그러므로 이 물은 언덕 사이로 흘러나오는 데 이 물에서 물놀이를 친다는 뜻으로 해석하기도 한다.

하르방당과 할망당

하르방당은 애월읍 고내봉 서쪽 비탈에 있는 당 이름이다. 옛날 애월읍 상가리에 한 부부가 살았다. 그런데, 어느 날 할머니는 당에 갈 재물을 준비한 뒤에 잠깐 볼일이 있어서 외출하였다. 그 틈에 할

아버지는 그 음식들을 모두 먹어 버렸다. 돌아온 할머니는 무척 화가 났다. 당에 드릴 제물을 먹어 버렸으니, 그 벌로 바가지만 한 종기나 돋아 버렸으면 하는 할머니의 험담대로 영감이 볼기에는 주먹만 한 종기가 났다. 그걸 보고 할머니는 고소해하였다. 영감은 부아가 나지 않을 수 없었다. 영감은 칼을 들고 당을 찾아갔다. 당 안에 들어선 그는 칼로 자기의 종기를 찔러, 고름을 제단에다 뿌리며, "내 살꺼정 먹고 잘 살아 보소." 한마디 맺힌 소리를 남기고 자결하여 버렸다. 영감이 자결했단 말을 듣고, 할머니 역시 남편 없이 어찌 사느냐면서, 고내봉 서쪽 비탈길에서 스스로 숨을 끊었다. 이런일이 있은 후에 한 무당이 노인이 죽은 당은 하르방당으로, 할머니가 죽은 곳은 할망당으로 모셔야 한다고 주장하여, 동네 사람들은 그에 호응하였다. 그래서 지금도 하르방당은 상가리에서 받들어 지금까지 전해 내려온다.

쟁기리동산

하가리 부근에는 동산이 다섯 개가 있다. 고내봉 밑의 동산, 벵겟동산, 그 동쪽의 동산, 장지동산, 그리고 제석동산 등 다섯의 동산을 합하여 '오능'이라 불렀다. 이 동산들이 펼쳐지는 지역이 안쪽으로 쑥 들어온다 하여 하가리를 '안골'이라 부르기도 한다.

예로부터 하가리는 풍수지리상 좋은 터라는 믿음이 있었다. 오능 중의 장지동산이 한라산과 맥이 이어졌다는 것이다. 한라산의 힘이 이곳 입구로 이어진다 하여 힘 역(力) 자, 입 구(口) 자를 합하여 가 (加)를 만들고, 다섯 동산 즉 오능이 현악기를 줄이 많은 듯이 많아 악기 소리 난다 하여 락(樂) 자를 붙여 '가락(加樂)'이라는 지명을 짓고 는 하가리 이전에 사용했다고도 전해진다.

그런데 하가리 '오능'중에서 '장지동산'만이 생기를 간직하고 나머 지 네 동산은 사기를 지녔다고 한다. 그래서 예로부터 장지동산에 소나무를 많이 심었는데 일반소나무가 아니라 곰솔이었다. 생기를 받아 잘 자라라고 곰솔을 심었는데, 돌이 많은 곳에 심어서 자꾸 말 라죽어 버렸다. 그래도 다시 심고 또 심고하니 지금까지도 잘 자라 고 있다 한다. 한라산의 맥을 이어 생기를 받았기 때문이다. 산 맥. 즉 맥이 살아 있어서 그렇다는 것이다.

오능 중 유일하게 생기가 있다는 장지동산은 세월이 흐르다보니 장기동산, 장기리동산을 거쳐 지금의 '쟁기리동산'으로 그 이름이 변하여 왔다고 전해온다.

열녀 정부인 김씨

하가리에서 열녀 완문을 받은 이가 있다.

하가리에 살았던 고맹효의 부인은 김 씨였다. 남편 고 씨가 오랫 동안 병석에 눕는 바람에 김 씨는 병수발하는 데 갖은 고생을 무릅

쓰며 정성을 다하였다.

어느 해 겨울, 병석의 남편 고 씨는 전복죽이 먹고 싶다고 말하였다. 겨울에 전복이 있을 리 없었다. 그러나 부인 김 씨는 바닷가로 나가 어떻게든 전복을 캐 보려고 하였다.

세찬 바닷바람을 맞으며 어떻게 전복을 캘까 망설이고 있는데 뜻밖에도 전복이 물위로 떠오르는 게 아닌가.

'용왕님이 보내 주시는가 보다.'

부인 김 씨는 전복을 가지고 돌아와 전복죽을 끓여 드리려 하니, 전복 속에 진주가 들어 있는 걸 발견하였다.

사람들이 이 이야기를 듣고 하늘이 부인의 정성에 감복하여 전복은 물론 진주까지 내려 준 것이라고 소문을 내었다.

관가에서 이 사실을 확인하고 조정에 보고하니, 조정에서는 갸륵한 일이라며 열녀 완문을 내렸다고 전해온다.

왕이 될 뻔한 제주 사람 문사랑

문사랑은 애월읍 '불칸터'에 살았다. '불칸터'란 불로 태워져 버린 집터나 묏자리를 말한다. 문사랑의 아버지가 묻힌 곳도 역시 '불칸터'이었으니니 부친을 이런 곳에 묻게 된 사연이 있다.

당시 제주목사는 소두산이었는데 그는 풍수에 능한 이였다. 문사랑은 소목사의 통인으로 있었다. 비록 통인이라는 보잘 것 없는 신분이었으나 문사랑의 꿈은 컸다. 묏자리만 잘 쓴다면 자기한테도 기필코 엄청난 행운이 찾아올 것이라 믿고 있었다.

문사랑은 통인으로 일하면서 매일 목사의 동정을 살피는데, 좀 이상한 점이 있었다. 소목사가 밤만 되면 어디론가 다녀오곤 하는 것이었다.

'이상하다. 목 사또께서 매일 밤마다 어디를 자꾸 다녀오는 것일까?'

몹시 궁금해진 문사랑은 목사의 뒤를 따라가 보기로 하였다.

어느 날 밤 목사가 관아를 나서자 문사랑은 목사가 눈치 못 챌 정도의 거리를 두고 따라 갔다.

소목사는 그저 한라산 쪽으로 말 타고 자꾸 올라가기만 하였다. 그러다가 어느 순간에는 목사의 뒤를 놓치고 말았다.

주위가 너무 어두웠고 목사와의 거리가 좀 멀었기 때문이었다.

'오늘 밤은 이 정도만 따라가 놓고…….'

문사랑은 그곳에 자기만 알 수 있는 표지를 해놓고 내려왔다.

다음날 문사랑은 목사가 가고 안 가고 상관없이 어제 그 장소까지 먼저 가서 목사가 오기를 기다렸다.

나무 뒤에 몸을 숨기고 한참 있자니 과연 소목사가 말을 타고 그곳을 지나치는 것이다.

'오늘밤에 또 적당히 따라가서 표시를 해 놓아야지.'

소목사는 늘 다니던 길을 가듯 거침없이 말을 타고 산 속으로 깊이깊이 들어갔다.

그날도 깜박 목사를 놓쳐버린 곳에다 표를 해놓고 문사랑은 내려

왔다. 그렇게 하기를 수차례, 문사랑은 마침내 소목사가 말을 멈추는 것을 보게 되었다.

'바로 여기로구나!'

소목사는 말에서 내린 후 주위를 휘휘 둘러보며 연신 감탄을 쏟아내었다.

"좋긴 좋다마는!"

목사는 타고 온 말의 엉덩이를 손바닥으로 탁, 탁 치며 역시 같은 감탄을 발하였다.

"좋긴 좋다마는!"

이 광경을 보던 문사랑은 숨을 크게 들이신 다음 천천히 내쉬었다.

'이곳이 명당자리임에 틀림없다!'

문사랑은 이렇게 판단하고 어둠 속으로부터 불쑥 몸을 드러내었다.

"목 사또 나으리, 소인 뵈옵니다."

"누구냐?"

"문사랑이옵니다."

"고얀 놈! 감히 내 뒤를 몰래 밟다오다니."

목사는 말채찍을 들어 문사랑을 후려칠 기세였다. 문사랑이 두 손을 비비며 사정하였다.

"지금 목 사또 나리께서 서 계신 땅에 서기가 어리고 있습니다."

"허, 네가 그걸 어찌 안단 말이냐?"

"소인 비록 미천한 신분이오나 볼 건보고 들을 건 들을 줄 아옵니다."

목사는 이 당돌한 통인의 얼굴을 자세히 들여다보았다.

"내가 밟고 선 땅은 이른바 앙후지지이니라."

목사는 자못 의심스럽다는 생각을 하였다.

가슴 속에는 엄청난 꿈을 품고 있으나 그걸 목사 앞에서 섣불리 발설했다간 큰일이 날 것이므로 문사랑은 조심스레 아뢰었다.

"제 아버님 묏자리가 좋지 않아 늘 가슴 아팠습니다. 오늘 목사 또 나리께서 밟고 서 계신 그 자리에 아버님을 모신다면 늦게나마 자식 된 도리를 다하지 않을까 하옵니다."

목사는 가만히 문사랑을 바라보았다. 비록 총기 있는 눈매가 큰일을 도모할 만도 하다고 느껴지기는 했으나 통인이라는 보잘것없는 신분인 주제에 과람한 꿈은 가당치 않은 것이었다.

목사는 반은 놀림조로 말하였다.

"네가 여기에 아비 묘를 쓴 후, 삼년 동안 문밖출입을 금하고 가만히 방안에서만 살 수 있겠느냐?"

"그리 하겠습니다."

목사는 자기가 밟고 선 땅인 소위 왕후지지에 문사랑의 아비를 묻는 것을 허용하였다.

며칠 후 문사랑은 아버지 묘를 그 땅에 정성스레 이장하였다.

아버지를 묻고 돌아오자 하니 사방에 큰비가 내렸다.

그때 문사랑은 사방을 분간하지 못하게 쏟아 붓는 비에 어찌할 바를 모르는 상여꾼들을 전부 옆구리에 끼고 내려왔다고 한다. 그러하니 그 땅은 과연 인락묘발지지라 할 만하였다.

인락묘발지지란 인시에 묻고 묘시에 발복하는 명당이라는 말이니, 말 그대로 발자국 돌아서기 전에 발복한다는 뜻이다.

문사랑은 서문로 한내에 이르렀다. 비가 억수같이 쏟아지고 큰물이 불어 그 넓은 내가 철철 넘치고 있었다.

"가로 뛰어넘어가질 듯하네."

그러나 문사랑은 훌쩍 그 내를 뛰어넘었다.

집으로 돌아온 문사랑은 목사의 말대로 삼년 동안 방안에만 있기로 마음먹었다. 창문을 모두 닫아 놓고 하루, 이틀은 잘 지내고 열흘, 한 달 두 달도 거뜬히 버티었으나 석 달 열흘, 백일쯤 되어가니 좀이 쑤셔서 견딜 수가 없었다. 온몸에 원기가 넘치는 때문이었다.

벽을 바라보다 보면 저거 손가락만 탁 튀기면 터질 것 같고, 지금 들어앉은 집이라도 한 손으로 조금만 밀면 왕창 쓰러질 것 같았다.

어느 날 밤 문사랑은 기어이 방밖으로 나오고 말았다.

나막신을 신은 채 훌쩍 뒤니 지붕을 가벼이 뛰어넘었다. 이제 자기가 마음먹은 대로 못할 게 없을 것만 같았다. 문사랑은 욕심에 온몸이 바싹 달아올랐다.

'이거, 이만하면 지금 궁궐에 가도 염려 없겠다.'

문사랑은 삼년은커녕 고작 백일을 채우고는 서울로 급히 떠났다.

한편 이 무렵 한양의 조정에서는 근래 난데없이 나타난 별 하나 때문에 의논이 분분하였다. 이 별이 남쪽 지방 어느 곳에선가 떠올라 온 세상을 비추는 것이었다. 임금이 계신 북쪽이 아닌 남쪽에서 뜬 별이라면 이는 곧 역적이 나타났다는 신호와 다르지 않았다. 임금은 천관과 지관들을 총동원하여 이 별의 정체를 속히 밝혀내도록 독촉하였다.

"아무래도 저 아래 제주도에 뜬 별 같다."

천관과 지관들이 제주에 내려와 보니 과연 상공에 큰 별이 하나 떠 있는 것이었다. 현장을 확인한 천관과 지관들은 서둘러 한양으로 올라가 보고하였다. 분명히 제주 땅에 역적의 형이 있는 것이니 이걸 반드시 찾아내야 한다는 것이다.

임금은 조정에 백관을 모으고 매일 조회를 열면서 대책을 내놓아라. 주문하였다. 많은 신하들이 제각각 묘책을 내놓았지만 모두가 선뜻 채택할 만한 의견은 좀처럼 나오지 않았다.

그러던 어느 날 한 대신이 아뢰었다,

"전하, 이 일은 나라의 흥망을 좌우하는 중차대한 사안이옵니다. 이런 일을 해결하기 위해서는 꾀가 타당하다면 채택해야 할 줄로 아옵니다."

"그렇고말고, 어떤 묘한 계책이 있으시오?"

"이 궁궐 한쪽에 불을 질러서, 이 불을 끄는 자에게 천금 상과 높은 벼슬을 내리겠다. 이렇게 방을 내거는 것입니다."

"그래서?"

"만일 제주에 뜬 별이 어떤 역적의 출현을 뜻하는 것이라면 그 자는 반드시 이 궁궐의 불을 끄기 위해 나타날 것입니다."

"나타나지 않을 수도 있지 않은가?"

"그렇지 않사옵니다. 천하의 모든 것은 오직 전하의 것이 온데 역적이 가당키나 하겠습니까? 이 역적은 운을 타고나지 못했기 때문에 제 발로 불을 끄러 나타나리라 생각하옵니다."

"불을 끄러 나타나면 그때 붙잡으면 되겠구려."

임금은 무릎을 치며 그 대신을 칭찬하고 상을 내렸다.

조정에서는 내밀하게 서울 장안 곳곳에 병력을 배치해 놓았다. 그리고는 계획된 날 궁궐에 불을 질렀다. 불은 삽시간에 타올라 무서운 기세로 궁궐을 태우기 시작하였다. 궁궐 안 사람들은 우당탕우당탕 허둥대며 불을 끄느라 야단이었다. 대신들이 궁 밖으로 뛰쳐나오면 소리쳤다.

"나라가 큰일 났다! 궁궐의 불을 끄는 자가 있으면 전하께서 천금 상과 벼슬을 내리신다!"

문사랑은 좋은 기회가 왔다고 생각하였다. 자기 말고 궁궐의 불을 끌 자가 누구 있으랴.

문사랑은 즉시 한강으로 달려가 물 항아리를 가득 실은 떼배를 끌고 와 불 타는 곳에 뿌렸다. 그렇게 세 차례 왕복하자 궁궐의 불은 거짓말처럼 모두 꺼져 버리고 말았다.

이 광경을 지켜본 궁궐 사람들과 백성들은 놀라움을 금하지 못하였다. 모두가 입을 모아 문사랑의 초인적 힘과 영웅적 행위를 상찬하였다.

"운이 좋아 이 사람 때문에 살게 되었다!"

대신들은 눈짓을 주고받으며 바로 이 자가 그 역적이라고 판단하였다.

"고맙소. 덕분에 나라의 우환을 없앴소이다."

"별 말씀을……. 이 정도는 제겐 아무것도 아닌 일입니다."

기고만장해진 문사랑이 이렇게 말하는 순간, 주위에 포진해 있던 군사들이 신속히 다가와 문사랑을 꽁꽁 묶어 버렸다. 문사랑은 어이가 없었다.

"아니, 대체 이 무슨 짓이오!"

"이놈! 네가 바로 제주에 뜬 역적 별자리의 임자렷다?"

문사랑은 그제서야 궁궐의 불을 끈 자기의 행위가 경솔하고 어리석은 것이었음을 깨달을 수 있었다. 백일이 아니라 삼년을 방밖으로 나가지 말아야 하는 것을, 하고 후회하였으나 안타깝게도 때는 이미 늦어 버린 것이다.

포승에 꽁꽁 묶인 문사랑은 즉시 제주로 압송되었다.

"너의 선묘를 다 가리켜라."

문사랑은 어쩔 수 없이 선묘들을 다 가리켰다. 그러나 명당자리에 묻은 아버지의 묘는 끝까지 숨겼다.

"이제는 이놈의 주리를 틀어야겠구나."

군사들이 형틀을 준비하는 것을 본 후에야 문사랑은 아버지 묻은 곳을 가리킬 수밖에 없었다. 문사랑이 가리킨 한라산 깊숙한 곳에 이르자, 동행한 천문과 지관들이 주위를 둘러보며 하나같이 입을 모았다.

"그야말로 왕후지지로다!"

하늘 아래 두 임금은 있을 수 없는 법이라 이 자리를 말끔히 없애

후환을 막아야 하는 것이다. 지휘관이 명하였다.

"이 묘를 파라!"

군사들은 묏자리를 돌아가며 장막 열두 겹을 치고 쇠꼬챙이 일곱 개를 마련하였다. 그리고는 그 묘를 파내기 시작하였다.

문사랑 부친의 관이 모습을 드러내자 군사들은 개판널을 떼었는데, 한 잎을 떼니 주위 사람들이 언뜻 틈새를 보고는 놀라 외쳤다.

"황소 한 마리가 꿇어 있다!"

개판 두 잎을 떼니 주위 사람들이 또 언 언뜻 틈새를 보고는 외쳤다.

"아니다! 큰 숭어가 있다!"

관 속에서 큰 숭어가 마치 바다 속인 듯 휘휘 놀고 있다는 것이다.

개판 세 잎을 떼 낼 즈음 갑자기 사방이 캄캄해지며 천지가 진동하였다.

이윽고 관 속에서 큰 숭어가 팔짝 뛰어올라 하늘로 날아가기 시작하였다. 그러나 숭어는 하늘 높은 곳에서 구름 속으로 몸을 숨겼다가 순식간에 땅으로 툭 떨어지고 말았다.

이를 지켜보면 지휘관은 큰소리로 명하였다.

"숭어를 잡아 죽여라!"

군사들이 숭어에게 달려들어 쇠꼬챙이 일곱 개로 콱콱 찔러대었다. 숭어는 이리저리 몸을 피하다가, 쇠꼬챙이에 여기저기 찔리며 몸부림치다가 죽어갔다. 이 과정에서 묏자리를 두른 장막 열한 겹이 다 터져 버리고 말았다.

숭어가 죽자, 지휘관은 숯 몇 섬을 가져오라 하고는 그 묏자리를 말끔히 태워 버렸다. 그래서 문사랑 부친 묏자리도 결국 '불칸터'가 된 것이다.

이렇게 하여 신분은 비록 통인이었지만 꿈만은 크게 가졌던 문사랑의 인생도 끝이 났고, 왕이 나기를 기다리던 제주 사람들의 소망도 물거품이 되고 말았다.

쇠 죽은 못

제주시에서 서남쪽으로 20㎞ 지점에 위치한 애월읍 하가리, 남쪽으로는 감귤 과수원이 대단위로 들어서 있고, 북쪽으로는 바다와 조화를 이루며 양배추 밭 등이 조성되어 있다.

또 마을 가장자리에는 제주에서는 가장규모가 큰 9,900여 ㎡의 연화못이 있는데, 한 여름에 피어난 연꽃이 진풍경을 연출하며 뙤약볕에 절인가슴을 시원스레 달래준다.

하가리의 정확한 설촌 연대는 알 수 없으나 고려시대부터 화전민이 모여 살다가 조선조 태종 18년(1418) 제주목사 하담 재임 시 지역적 조건과 인구증가에 따라 고내봉을 중간에 두고 북쪽을 고내리로, 남쪽을 가락리 분리했다고 탐라지는 기록하고 있다.

그 이후 조선조 세종 30년(1448) 제주목사 이강이 마을 윗동네를 상가락, 아랫동네를 하가락으로 구분해 불러오다가, 조선조 정조

22년(1789)에 오늘날과 같은 하가리로 마을명칭이 개칭됐다.

예나 지금이나 마을사람 대부분은 농업과 축산업을 통해 가계를 꾸려 가는데 마을에서 동쪽으로 1㎞ 떨어진 곳에 있는 이른바 '쇠(소) 죽은 못'에 담긴 일화는 마을사람들의 부지런함을 엿 볼 수 있게 한다.

「그 옛날 하가리에는 일찍 남편을 여의고 홀로 살아가는 과부가 있었는데 밭일이며 집안일이며 모든 일을 혼자 하다 보니 항상 일손은 부족했다. 특히 뙤약볕이 내리 쬐는 무더운 여름날 밭을 가는 것은 여자 몸으로는 중과부적이었다. 그래도 어찌하랴 밭을 갈고 씨앗을 뿌려야만 한해의 생계를 유지 할 수밖에 없는 것을, 그러던 어느 해 여름 과부는 너무 힘에 부친 나머지 생각 끝에 밭을 가는 머슴을 부리기로 한다. 그러나 고용된 머슴은 그리 성실한 사람이 아니었다. 특히나 자신을 고용한 사람이 남편이 없는 과부라는 사실을 알고 내심 주인을 업신여기기에 이른다. 그런데 머슴을 고용한 그 해는 유독 더운 날씨가 이어졌고, 한여름 땡볕을 맞으며 밭일을 한다는 것이 어렵다는 사실을 누구보다도 잘 아는 과부는 머슴에 대한 미안한 마음에 날씨가 좀 더 서늘해지기만을 기다린다. 하지만 무더위는 더욱 기승을 부리고 더 이상 밭을 가는 일을 차일피일 미루다가는 한해의 농사를 망칠 수밖에 없는 지경에 이른다. 결국 과부는 미안한 마음을 뒤로한 채 머슴에게 밭을 가는 일을 시키기로 하고 점심을 푸짐하게 싸서 "밥이 일을 한다."는 말과 함께 머슴에게 건네며 부지런히 일해줄 것을 당부한다. 실상 과부가 머슴에게 점심을 건네며 '밥이 일을 한다.'는 말은 제주에서 예로부터 전해오는 말로 밥을 많이 먹어야 힘을 내 일을 잘할 수 있다는 말이었다. 어쨌든 머슴을 밭에 보내고 대충 집안일을 마무리한 과부는 일을 빨리 끝낼 요량으로 자신도 밭에 나간다. 그런데 이게 웬일인가. 땀을 흘리며 밭 갈기에 여념이 없을 것으로 보았던 머슴의 모습은 보이지 않고 소의 쟁기에 자신이 정성껏 싼 점심그릇만이 매달려 대롱거리고 있을 뿐이었다. 더욱 기가 막힌 것은 성실한 사람인 것으로 믿었던 머슴은 나무그늘이 지고 바람이 잘 통하는 둔덕에 누워 코를 골며 잠을 자고 있는 게 아닌가? 과부는 큰소리로 머슴에게 다가가 왜 밭을 갈지 않고 낮잠을 자냐고 화를 냈지만, 잠에서 깬 머슴은 과부를 이해할 수 없다는 표정으로 바라보며 "밥이 일을 한다기에 그 말대로 소의 쟁기에 점심그릇을 매달았으니 밥이 일을 하고 있을 것이오." 라고 빈정거린다. 머슴의 말에 화가 머리끝까지 오른 과부는 자신이 직접 팔을 걷어붙이고 소를 몰며 순식간에 밭을 모두 갈아버린다. 그러나 오기로 시작한 밭일로 결국 소는 탈진상태에 이르게 되고 과부는 소에게 물을 먹이기로 하고 밭 옆에 있는 못으로 소를 데리고 가 물을 먹였다. 어찌나 갈증을 느꼈는지 물을 급하게 먹던 소가 갑자기 쓰러지며 그 자리에서 죽고 만다. 이 광경을 지켜보던 과부도 울화가 치밀어 그 자리에서 쓰러져 죽고 만다.」

그때부터 사람들은 소와 과부가 함께 죽은 이 못을 가리켜 '쇠(소)죽은 못'이라고 전해온다. 조금 다른 내용의 이야기는 다음과 같다.

「쇠죽은 못은 하가리에서 남동쪽으로 1.2㎞ 지점인 금파농원 앞에 있다. 한 과부가 여름농사를 짓기 위하여 장남을 빌려서 못 바로 옆에 있는 밭을 갈아 달라고 부탁을 했다. 무더운 여름철이라 장남은 이른 새벽에 밭을 갈러 보내놓고 장남이 먹을 점심을 동고량(대나무로 엮은 뚜껑이 달린 작은 바구니로 지금의 도시락처럼 사용함)에 싸들고 밭에 가보니 장남이 땀을 뻘뻘 흘리며 부지런히 밭을 갈고 있었다. 과부는 집에 잊고 온 것이 있었는지 급한 볼 일이 있어 집으로 가면서 배곯지 말고 밥을 먹고 일하라는 뜻으로 "밥이 일허여." 라는 말을 남기고 집으로 갔다. 오후가 다 되어서 과부가 밭에 와 보니 쇠는 밭 가운데 혼자 서 있고 장남은 온데간데없이 보이지 않았다. 자세히 사방을 둘러보니 장남은 소나무 그늘에서 늘어지게 낮잠을 자고 있고 쇠 있는 대로 가서 살펴보니 쟁기머리에 동고량만 덩그러니 매달려 있었다. 너무나 어이가 없어서 과부가 장남에게 달려가서 잠을 깨우고는 밭을 언제 다 갈려고 낮잠만 자느냐고 다그쳤다. 장남은 짓궂게 씨익 웃으면서 "밥이 일을 한다." 고 하니까 쟁기에 동고량(짚으로 만든 도시락)을 매달아 두었으니 걱정 안 해도 오늘 안으로 밭을 다 갈 것이라고 말하면서 과부를 골려 줄 요량으로 능청을 떨었다. 이에 화가 머리끝까지 치민 과부가 팔을 걷어붙이고 밭을 갈기 시작했다. 어둡기 전에 밭을 다 갈 욕심으로 부리나케 쇠를 몰아 부치고는 남은 밭을 다 갈고 땀으로 뒤범벅이 된 과부는 헐떡거리는 쇠를 밭 바로 옆에 있는 못으로 몰고 가서 물을 먹였다. 쇠는 너무 급하게 마시느라고 급체를 해서 그만 그 자리에 쓰러져 죽고 말았다. 그 후 쇠가 죽은 못이라 하여 지금까지도 '쇠죽은 못'이라 불리고 있다.」

이 쇠죽은 못에 대한 안내문은 다음과 같다.

「우사지(쇠죽은 못)/ 전설에 의하면 남편 없이 홀로 살던 하가리의 한 아낙이 여름 농사를 짓기 위하여 장남(머슴)을 빌어 못 바로 옆에 있는 밭을 갈아달라고 부탁하면서 이야기는 시작된다. 무더운 여름날이라 장남을 이른 새벽에 밭 갈러 보내놓고 점심을 동고량(대나무로 엮은 바구니 도시락)에 싸들고 밭에 가보니 장남은 땀을 뻘뻘 흘리며 부지런히 밭을 갈고 있었다. 아낙은 다른 일을 하기 위해 집으로 돌아가면서 장남에게 허기지면 일을 못하니 밥을 든든히 먹고 일하라는 뜻으로 "밥이 일헙니다" 라는 말을 남기고 밭을 떠났다. 오후가 되어 아낙이 다시 밭으로 와 보니 밭은 아침에 본 그대로 갈아지지도 않고 쇠(소)만 밭 가운데 혼자 서있었고, 장남도 온데간데없이 보이지 않았다. 쟁기머리에 동고량만 덩그러니 매달려 있었다. 어이가 없어진 아낙은 장남에게 달려가 잠을 깨우고 "밭을 언제 다 갈려고 낮잠만 자느냐"고 다그쳤더니 장남은 짓궂게 웃으며 "밥이 일을 한다"는 말에 동고량을 쟁기머리에 매달아 두었으니 걱정은 안 해도 오늘 안으로 밥이 밭을 전부 다 갈 것이라며 능청을 떨었다고 한다. 이에 화가 머리끝까지 난 아낙이 팔을 걷어 부치고 밭을 갈기 시작하였다. 어둡기 전에 밭을 다 갈 욕심으로 불이 나게 소를 몰아 밭을 다 갈았다. 땀으로 범벅이 된 아낙은 헐떡거리는 소를 밭 옆에 있는 못으로 몰고 가 물을 먹였다. 그런데 물을 너무 급하게 먹은 소가 그만 급체하여 그 자리에 쓰러져 죽고 말았다한다. 그런 연유로 인해 이 못을 "쇠죽은 못(牛死池)"이라 부르게 되었고 지금까지도 그 이야기가 전해져 내려오고 있다.」

앞뒤 문맥을 이어가는데 거친 면이 보이고 띄어쓰기와 단어의 오류가 약간 있지만 세련되게 설화 스토리텔링을 하고 있어 다른 안내문의 모범이 되고 있다.

설문대할망 공깃돌

설문대할망이 살았다. 설문대할망은 얼마나 힘이 셌던지 흙 한줌 던지면 섬이 되었고 치마 구멍에서 흘려 나온 흙은 오름이 되었다. "아이고, 심심해." 설문대할망은 무슨 재미있는 놀이가 없나 생각하다가 커다란 돌멩이 다섯 개를 주워다 공깃놀이를 하였다. 그 공깃돌 모형이 하가리 길가에 청년회에서 만들어 놓았다.

거짓말의 명수 변인태

변인태는 원래 애월읍 더럭 사람이다. 그 출생 연대는 알 수 없으나 당시 서귀진 조방장의 심부름꾼이었다. 어찌나 꾀가 많고 거짓말을 잘 하였던지 그 꾀에 속지 않을 사람이 없었으며 심지어는 상관인 조방장도 여러 차례 속아 넘어 갔으니 과연 거짓말의 명수라 아니 할 수 없었다. 변인태에 대한 이야기는 다음과 같이 전해 온다.

「어느 날 조방장은 변인태 보고 고기를 구어 오라고 하였더니 변인태 짐짓 자기가 먹을 생각으로 시커멓게 구어다 바치니 이를 본 조방장 화가 잔뜩 나서 '이놈의 자식조기를 어떻게 구웠기에 이 모양이냐! 너나 먹어라.'하면서 다음부터는 먼망불에 구어 오라고 한다. 다음에 고기를 굽는데 마당에 불을 피우고

10여보 밖에서 고기를 손에 들고 불꽃을 향해 가만히 서 있으니 이를 본 조방장. '그거 무엇 하는 짓이냐?'하였더니 변인태 하는 말이 '방장님 망불에 구으렌 허난 망불에 굽는 중이우다.' 하니 조방장이 하도 어이가 없어서 말을 못했다. 또한 어느 날 우리 마을 강정모르 길가 밭에서 아낙네들 5-6명이 김을 메고 있었는데 때마침 변인태가 길을 가고 있었다. 아낙네들도 그의 거짓말 수완은 아는 터라. '야, 인태야 어디를 그렇게 바쁘게 가고 있느냐? 거짓말이나 한 수 하고 가라.'한다. 변인태 하는 말이 '아이구, 거짓말 할 저를이 어디 잇수과, 지금 법환이 앞바당에 왜선이 들어완 전통 가는 중이우다.'한다. 이 말을 들은 아낙네들 혼비백산하여김메던 손을 놓고 집으로 도망간다. 왜냐하면 당시 왜선들이 침입하면 재산을 약탈하는 것은 물론 부녀자들을 성폭행하는 일이 종종 있었기 때문이다. 그러나 뒷날 거짓말이었음이 탄로 나고 다시 김매던 아낙네들은 돌아가는 변인태를 만나게 된다. 아낙네들은 변인태 보고 너 그런 거짓말 허영 검질도못메게 하면 되느냐고 욕을 한다. 변인태 하는 말이 '무사게 거짓말허여 뒹 가렌 아니 헙디가.' 한다. 이 말을 들은 아낙네들 할 말을 잃어버렸다 전해 온다.」

연하지(蓮荷池)

하가리에 있는 제주 제일의 봉천수 연못이다. 전설에 따르면 고려 왕조 25대 충렬왕(1275~1309년) 때에 마을 연하지에는 야적(野賊)들의 집터로서 연못 한가운데 고래 등 같은 기와집을 짓고 이 연못에 달린 작은 못 가운데 하나인 샛물통에는 작은 초막을 지어 살면서 이 마을을 지나는 행인들을 농락하고 재물을 약탈하는 일이 빈번했다고 한다. 그러던 중 신임판관이 초도순시가 있을 때 이곳을 지난다는 정보를 입수한 야적들은 판관 일행을 습격할 음모를 꾸미고 있었는데 이 마을에 사는 '뚝할망'이 눈치 채어 야적들의 흉계를 관가에 알렸으며 이에 관군이 출동하여 야적들을 소탕하는 과정에서 '뚝할망'도 야적들의 칼에 맞아 죽었다. 그러자 관가에서는 할머니의 충정심을 높이 기려 벼슬을 내리고 제주향교의 제신으로 받들게 했다고 한다. 그 후 움푹 팬 야적의 집터는 소와 말이 물을 먹이는 못으로 활용됐는데 17세기 중엽 대대적인 수리 공사를 하여 지금의 식용연이 있는 못은 식수로, 큰못은 우마급수 및 빨래터로 샛통은 나물을 씻는 용도로 둑을 쌓아 지금에 이르고 있다고 전한다. 또, 이 연못에는 언제 심어졌는지 자세한 기록은 없으나 19세기 중엽 제주목사 한응호가 지방 순시중 이 곳에 들러 연꽃잎으로 술을 빚어 마시고 시를 읊었으며, 양어머니로 하여금 연꽃을 지켜 가꾸도록 했다는 유래로 봐서 연꽃의 전래시기가 그 당시인 것으로 보고 있다. 1976년도 혹한으로 인하여 연꽃이 동사(凍死)해서 없어지고 말았으나 2년 뒤 종자로 발아된 연꽃이 3포기 자라서 번식된 것이 지금에 이르고 있으며 항간에는 연꽃이 100년에 한 번씩 시집을 가는데 2년 동안 안 보이던 것은 시집을 갔기 때문이라는 여담이다. 다른 이야기로 다음과 같이 전해 오기도 한다.

「연화지에 슬픈 전설 하나, 고려 왕조 25대 충렬왕(1275~1309) 때에 마을 연하지 자리에는 사형제가 주축이 된 산적들이 살고 있었는데 이 마을주민들을 괴롭히고 지나는 행인들의 재물을 약탈하는 일을 자행하였다고 한다. 사형제가 힘이 장사인데다 성질이 포악해서 그 소행이 점점 대담해지기 시작했는데 신임판관이 첫 방문이 있을 때 이곳을 지난다는 정보를 입수한 산적들은 판관 일행을 습격할 음모를 계획하고 있었다. 하지만 이들에게 시달리던 마을사람들은 '뚝할망'과 의기투합하여 야적들의 계획을 관가에 알리게 되었고 이에 관군이 출동하여 야적들을 소탕하는 과정에서 뚝할망도 야적들의 칼에 맞아 죽었다고 한다. 그래서 관가에서는 할머니의 충정심을 높이 기려 벼슬을 내리고 제주향교의 제신으로 받들게 했다고 한다. 그리고 산적들이 살던 고래 등 같은 기와집은 허물어버리고 그 자리에 연못을 파서 봉천수를 받아서 빨래와 소와 말이 물을 먹이는 못으로 활용하기 시작해서 17세기 중엽 대대적인 수리공사를 하여 지금의 식용연이 있는 못은 식수로, 큰못은 우마급수 및 빨래터로 샛통은 나물을 씻는 용도로 둑을 쌓아 지금에 이르고 있다고 전한다. 연화지에 자라고 있는 연꽃들은 언제 심었는지 알 수 없으나 19세기 중엽 제주목사 한응호가 지방 순시 중 이곳에 들러 연꽃잎으로 술을 빚어 마시고 시를 읊었으며 양 어머니로 하여금 연꽃을 지켜 가꾸도록 했다는 유래가 전해지는 걸로 봐서 그 이전부터 연꽃이 자라고 있었을 것이다. 그 후 1976년도 혹한으로 인하여 연꽃이 동사해서 없어지고 말았으나 2년 뒤 종자로 발아된 연꽃이 3포기 자라서 번식된 것이 지금에 이르고 있으며 항간에는 연꽃이 100년에 한 번씩 시집을 가는데 2년 동안 자라지 않았던 것은 시집을 갔기 때문이라는 이야기도 전해진다. 연화못에는 연꽃과 수련이 자라고 있으며 한때는 수련도 빨간색 꽃잎이 피는 적수련과 백색 꽃이 피는 백수련, 노란 꽃이 피는 황수련이 있었으나 지금은 적수련만이 자라고 있다. 현재 연화못 가운데 육각정(六角亭)이 있는데 육각정 기초공사 시 뻘 속에서 고려시대의 것으로 추정되는 목재와 기와가 발견되어 연화못의 역사를 미루어 짐작할 수 있게 해준다. 제주특별자치도 제주시 애월읍 하가리는 고려시대 부터 화전민이 모여 살다가 조선조 태종 18년(1418) 현촌 고내리에서 분리되어 가락리로 불리다 조선조 세종 30년(1448)에 윗동네를 상가락, 아랫동네를 하가락으로 부르게 되었다고 전한다. 160여 가구에 450여 명의 주민이 거주하고 있는 하가리는 마을을 중심으로 남쪽으로는 야산에 감귤과수원이 많이 조성. 집단화되어 있고, 북쪽으로는 양배추 생산단지가 탁 트인 바다를 바라보며 조성되어 있다.」

연하못

하가리 설화이다.

하가리에는 힘이 장사이며 성격이 포악한 4형제가 살고 있었다.

그들은 지금에 연하못 가장자리에 집을 짓고 많은 노비를 거느리고 살았는데 관에도 연줄이 있어 마을에서는 감히 이들 형제에게 말조차 제대로 건네지 못했다.

예나 지금이나 연하못 자리는 마을 중심에 위치해 있어 사람들의 통행이 빈번하였는데, 이들 형제들은 자신의 집 앞으로 지나는 행인들을 가만히 두는 법이 없었다.

특히 소와 가축, 곡물 등을 사고파는 사람들은 이들의 표적이 돼 폭행을 당하고 재물을 뺏기는 일이 종종 발생했다. 그 같은 피해는 이웃마을 사람들은 물론 마을사람들에게까지 미쳤으나 누구도 감히 나서지 못했다.

그러던 어느 해 제주에는 신임 목사가 부임하게 되고 이 소식을 전해들은 마을사람들은 이번 기회에 악행을 일삼는 4형제를 몰아내기로 하고 신임목사를 찾아가 그 동안 자신들이 겪은 피해를 고하고 도와줄 것을 호소한다.

마을 사람들의 말을 들은 신임목사는 당연히 분노하고 그 자리에서 관군을 동원해 4형제를 물리치기로 한다.

그러나 훈련을 받은 관군이라고 할지라도 워낙 힘이 장사인 4형제를 물리치기는 그리 쉽지 않았다.

그 모습을 지켜보던 마을사람들은 너나할 것 없이 집안으로 들어가 무기가 될 만한 것을 손에 집어 들고 관군과 합세해 4형제와 싸우기 시작한다.

결국 힘에 밀린 4형제는 마을에서 쫓겨나 산속으로 도망을 간다.

갖가지 악행을 일삼던 4형제를 물리친 마을사람들은 이들이 다시 돌아와 살지 못하도록 집을 허물고 그 자리에 못을 팠다고 한다.

그 후 그곳에 물이 고이면서 큰 못을 이루게 됐고 언제부터인가는 못에 연꽃이 피어나기 시작했는데 사람들은 그때부터 이 연못을 가리켜 연하못이라고 부르기 시작했다.

조금 다른 내용의 전설은 다음과 같다.

「연화못 자리는 도적의 땅이었다 한다. 하가리 부근은 원래 밭이 없이 산림과 수풀만 우거진 곳이었다. 그런데 육지에서 들어온 사람들이 이곳에 자리를 잡아 연못을 파고 살며 나쁜 짓을 일삼게 되었다. 동네 사람들 집을 습격해 물건을 약탈하고 아무나 잡아다가 두들겨 패는 등 사람들을 못살게 굴었다. 이들을 처치해달라는 민원이 속출하자 고려 충렬왕 때 도안무사겸판목사인 이원황에게 명하여 도적들을 토벌하게 되었다. 토벌대와 도적떼 사이에 큰 싸움이 났다. 도적떼의 저항이 만만치 않았으나 관군을 당할 수는 없었다. 토벌대는 도적들의 소굴을 모조리 때려 부수고 불 태웠으며 연못도 메워 버렸다. 나중에 연화못에 육각정을 지을 때 당시 도적들 집터에서 나온 비자나무 생나무라서 그 동안에도 썩지 않은 채였다고 도적들을 토벌할 때 중요한 역할을 한 여인의 이야기가 전한다. 이 여인은 도적 소굴에서 하녀로 일하고 있었는데, 도둑들 하는 짓이 너무 나쁜 행위들뿐이라 보다 못해 관가에 직접 가서 고발을 하였다 한다. "할 말이 있습니다." 이 여인이 납읍 관아에 가서 고발을 하니 접수가 되어, 절차를 밟아서 마침내 관가에서 토벌대가 오게 된 것이다. 그러나 이 여인은 관군과 도적떼 사이의 싸움 통에 죽어 버렸다. 이 여인의 오빠는 힘센 역사였는데 이 오빠 역시 싸움 통에 죽게 되었다. 이 사연이 상부에 보고되자 조정에서는 여인에게 '뚝'이란 벼슬을 내렸다. '뚝'이란 벼슬을 제수하니 향교에서는 이 여인을 제신으로 모셔 여러 해 동안 배향했다고 한다. 도적들을 퇴치한 지 십오 년쯤 지나 사람들이 모여들면서 자연스레 마을이 형성되자 그 자리에 소를 만들게 되었다. 마을사람들을 중심으로 주위의 돌과 흙을 쌓아서 마실 수 있는 연못으로 단장하니 관가에서는 '연화지'로 지정하고 관리하게 되었다. 조선 효종 원년에는 제주목사 한응호에 의해 대수리를 하게 되었다. 한응호 목사는 이곳 경치가 좋으니 연꽃을 재배하게 하고 양 아무개라는 연꽃 지키는 사람까지 임명하여 경개 좋은 곳으로 만들었다.」

선비들이 삼삼오오 구경을 오고 때로는 글짓기 겨루기도 하는 등 연화못은 풍광 좋은 곳으로 이름나게 되었다. 이 곳에는 다음과 같은 안내판이 있다.

「연화지 유래/ 고려 25대 충렬왕(1275~1309) 때에 연화지는 산적들의 집터였다고 한다. 연못 한가운데 고래 등 같은 기와집을 짓고 이 연못에 딸린 작은 못 중 가운데 하나인 샘물 통에는 작은 초막을 지어 살면서 마을을 지나다니는 행인들의 재물을 약탈하는 일이 빈번하였다. 그러던 중 신임판관이 초도순시 차 이곳을 지나갈 것이라는 정보를 입수한 산적들은 판관 일행을 습격할 음모를 꾸미고 있었다. 이 마을에 사는 '뚝할망'이 이를 눈치 채어 산적들의 흉계를 관가에 알렸다. 이에 관군이 출동하여 산적들을 소탕하는 과정에서 '뚝할망'도 산적들의 칼에 맞아 죽었다. 그러자 관가에서는 할머니의 충성심을 높이 기려 벼슬을 내리고 제주향교에 제신으로 받들게 했다. 그 후 움푹 팬 산적의 집터는 마소의 물을 먹이는 못으로 활용되었다. 17세기 중엽 대대적인 인수리공사로 지금의 식용 연꽃이 있는 못은(서남쪽 못) 식수로 쓰고, 큰 못은 우마 급수 및 빨래터로, 샛통은 나물을 씻는 용도로 둑을 쌓아 지금에 이르고 있다.이 연꽃은 언제 심었는지 자세한 기록은 없다. 19세기 중엽 제주목사 한응호가 지방 순시중 이 곳에 들려 연꽃잎에 술을 따라 마시고 시를 읊었으며 양어머니로 하여금 연꽃을 지켜 가꾸도록 했다는 유래가 전해진다.」

돌염전(소금빌레)의 유래

　돌염전은 제주시 애월읍 구엄리 주민들이 소금을 생산하던 천연 암반지대를 말한다. '소금빌레'라고도 한다. '빌레'는 너럭바위를 뜻하는 제줏말이다. 세계적으로 유래를 찾아볼 수 없는 이 돌염전에 대한 정확한 문헌 기록은 없다. 1573년 강여 목사 재임 이후 제주에서 본격적으로 제염법이 보급됐다는 『남사록』을 근거로 400년 전부터 시작된 것으로 보고 있을 뿐이다. 구엄리의 돌염전은 한국전쟁을 전후로 육지에서 싼 소금이 대량 들어오면서 맥이 끊겼다. 돌염전이 있는 세 개 마을을 '엄장이'라 한다. 엄장이는 예로부터 소금, 곧 '염(鹽)을 제조해오며 살아온 사람들이 사는 마을'이라 전해온다. 이름은 소금 염자를 써서 '염쟁이'라 불렀다 한다. 구엄항 입구에 구엄리 돌염전 유래가 다음과 같이 돌에 새겨져 있다.

　「마을의 설촌 역사를 보면 삼별초가 애월읍 고성리 항파두리에 주둔할 당시 토성을 쌓으면서 주민들을 동원하였다는 문헌에 의하여 고려 원종 12년에 설촌된 것으로 추정 된다. 당시 마을 이름은 엄장포 또는 엄장이라고 하였다. 조선 명종 14년에 강려금을 제조하는 방법을 가르쳐 소금을 생산하기 시작하였으며 이는 생업의 터전이 되었다. 마을 사람들은 이곳을 소금빌레라고 부르고 있다. 소금밭의 길이는 해안 따라 30m 정도이고 폭은 50m로서 넓이는 4,845㎡(약 1500평)에 이른다. 염기는 봄 여름 가을이 적기였으며 생산 된 소금은 색소 등 품질 뛰어나 굵고 넓적한 천일염으로써 중산간 주민들

과 농산물을 교환하기도 하였다. 이렇게 소금밭은 이 마을 주민들의 생업의
터전으로 약 390 여 년 동안 삶의 근간의 되어 왔으나 점차 의식구조의 변천
과 생업 수단의 변화로 1950년대에 이루어 소금밭으로서의 기능을 잃게 되
었다.」

돌염전의 유래를 적은 석판이 역사적 문헌 기록을 열거하는데
중점을 두었기에 전해오는 이야기를 설명하는데 부족함이 있어
아쉬우며 '엄장이'의 명칭 표기에는 지역이 웅장한 기암괴석이 많
다하여 붙여진 것이라는 유래(이야기)를 덧붙이는 묘미가 있었으면
한다.

삼정문

애월읍 신엄리에 있는 충효열비로 세 사람의 정려비를 한데 모신
조선후기의 정려각이다. 이 정문은 신라의 시조 박혁거세의 62세손
효자 박계곤(1675~1731)과 그의 딸 열녀와 열녀의 충비의 행적을 조
선 정조 18년(1794)에 어사 심낙수가 임금께 아뢰니 임금께서 정표하
고 어사에게 명하여 정려기를 만들어 주고 정문을 세워 사람들로 하
여금 공경하는 마음으로 오래토록 교화하라고 하였다.
그 정려기에 말하기를 박계곤은 평소 효심이 지극하였는데 제주
목 관리로서 1710년에 출륙하다가 광풍을 만나 사서도 부근에서 파

선되니, 사람들은 무인도에 상륙하였으나 모두 죽을 형편이 되었는데, 박계곤이 널조각에 사연을 적어 아버지에게 띄어 보내었더니, 그날로 부친이 사는 동네 포구에 당도하여 그 사실을 안 부친이 놀라 급히 목사에게 아뢰어 구조선을 보내 모두 구출하였다. 사람들은 이 신기한 일을 보고 그를 감천의 효자라 하였다. 그는 숙종 국상 때 임금님이 흉년 때 구호하신 은혜를 생각하고 도민을 인솔하여 능역에 참가하니 인원대비께서 가상히 여겨 상을 내렸다.

그의 딸 박 씨는 일찍이 지아비를 여의었으나 한결같이 수절하였고, 딸의 충비 고소락은 시집을 가지 않고 주인을 지켰다. 비천한 종이 남녀의 도리를 폐한 것은 열녀의 정절에 깊이 감화된 까닭이고, 열녀가 어린 나이에 정절을 지키게 된 것은 그 아버지의 지극한 효성에 감화된 것이 아니면 어찌 열행을 행할 수 있었겠는가? 임금님이 특별히 정려의 은전을 명함은 이러한 이유에서이다. 사당은 3칸 집으로 중앙에 효자를 편액하고 왼쪽에 한줄 밑으로 열녀를 편액하고 오른쪽에 열녀보다 한줄 밑으로 충비를 편액하게 하였다.

자운당 안 영장

신엄리 서쪽 일주도로변에 자운당이라는 지경이 있다.

자운당에 얽힌 전설의 주인공은 안세록인데 직위가 영장이었다.

안세록은 풍채가 수려하고 용기가 있었으며 학식 또한 뛰어나 마을 사람들의 신망이 높았다.

안 영장이 향교를 다녀오자면 항상 자운당을 지나야 하였다. 갑신년 삼월에 안영장이 향교 용무를 마치고 말을 타서 집으로 오는데 자운당을 지나게 되었다. 밤은 깊어 열한 시를 넘은 시각, 자운당을 지나치려 하니 안 영장이 탄 말이 마구 들러 퀴는 것이었다. 이상하다 싶어 뒤를 돌아보니 어떤 여인이 어둠 속에 나타났다.

"깊은 밤에 영장님은 어디로 가십니까?"

어둠 속에도 여인은 안 영장을 알아보는 것이다. 영장은 이건 필시 여우인 줄을 짐작하였다.

"나는 하가로 가는 중이다만, 어째서 묻느냐?"

"저는 서촌 친정에 어머니 아버지가 아프다고 해서 가는 길인데 데려다 줄 수 있겠습니까?"

"그런가? 타라."

여인은 말에 오르면서 굳이 안 영장 뒤에 타겠다고 하였다.

"부인이 뒤에 타면 내가 말을 달리기가 거북스럽지 않겠는가. 앞에 타고 가라. 정 못 타겠다면 말고."

안 영장이 말을 몰고 떠나려 하자 여인이 황급히 말하였다.

"같이 타고 가겠습니다."

안 영장은 여인을 앞에 태우고 말고삐 한 가닥을 풀어 그 몸을 묶었다. 말 달리다가 떨어지지 않도록 하기 위해서라고 안 영장은 핑계를 대었다.

여인을 앞자리에 태운 안 영장은 급히 말을 달려 집으로 향하였다. 안 영장은 집에 개를 기르고 있었는데 청동과 황동이라는 이름의 두 마리 개들이었다.

집에 도착한 안 영장이 소리를 질렀다.

"청동아, 황동아! 이년을 물어라!"

안 영장의 명령대로 청동과 황동은 여인에게 달려들어 사정없이 물어 젖혔다.

이에 그 여인은 꼬리를 드러내며 여우의 본색이 드러났다.

안 영장은 이렇게 해서 여우를 잡게 되었는데 이를 일러 '안 영장 여호재비(여우잡이)'라 하였다.

새물

대섭 동산에 마을을 이루게 된 중엄리 설촌 당시 사람들이 먹었던 물이라 전해 온다. 새물에 대한 유래는 안내석에 다음과 같이 쓰여 있다.

「이 물은 식수원으로 하여 대섭 동산에 마을을 이루게 된 중엄리 설촌 당시의 식수원이다. 1930년 홍평식 구장이 동절기에 넘나드는 파도 속에 식수를 길어 오는데 부민들이 크게 어려움을 느끼는 것을 알고 부민들과 합심하여 현 방파제 중간 부분에 있었던 암석을 파괴하고 방파제를 쌓았다. 풍부한 수량으로 인하여 방파제 안쪽으로는 해수가 들어오지 않는 최고 용천 물량을 자랑하는 제주 제일의 해안 용수이다.」

홍업선

홍업선은 어릴 적부터 풍모가 예사 사람과 다르고 또한 힘이 세었다.

집안은 농사를 지었지만 살림이 넉넉하지 못하므로, 아버지는 항상 짚신을 삼아 홍업선에게 팔아 오라고 하여 살림에 보태었다. 아들 업선은 꼬박꼬박 성 안(제주시내)에 가서 짚신을 잘 팔고 왔다.

그런데 아버지는 얼마 안 되어 아들의 행동에 이상함을 느끼게 되었다. 처음에는 몰랐지만 차차 유심히 보니 너무 빨리 성안을 다녀오는 것이다.

하루는 일부러 새 짚신을 신기고 성안에 가서 짚신을 팔아 오라고 하였다. 그러고는 아들이 돌아오는 시간을 유심히 가늠해 보았다.

"지금이면 성안에 도착할 때가 되었겠지."

이렇게 생각하는데, 홍업선은 어느 새 짚신을 다 팔고 돌아왔다.

아버지는 이상하도 생각하며, 일부러 모른 체하고는 아들 몰래 신고 갔던 짚신을 보았다. 새 짚신에 흙이 하나도 묻어 있지 않은 것이다. 아버지는 더욱 이상히 생각했다.

그날부터 아버지는 어머니에게 술을 빚어 놓게 했다. 술은 아홉

번 고아 내 굉장히 독하게 만들었다.

어느 날 아버지는 아들 업선을 불러 별미의 술이니 먹어 보라고 했다. 홍업선은 아버지가 시키는 것을 거역할 수 없으므로 술을 몇 모금 마셨다. 얼마 못 가서 술기가 돌아 홍업선은 술에 취해 잠이 들었다.

아버지는 가만히 아들의 옷을 벗기고 몸을 조사했다.

이게 웬일인가! 아들의 겨드랑이에는 좋은 명주가 휘휘 감겨져 있었고, 명주를 푸니 큰 새의 날개만큼 한 날개가 나와 있는 것이다.

아버지는 겁이 났다. 만일 이것을 관아에서 알면 역적으로 몰릴 것이요, 삼족을 멸할 게 분명하다. 아버지는 얼른 가위를 가져와 아들 홍업선의 날개를 잘라 버렸다.

홍업선은 몹시 몸이 고단하다면서 일어났다.

몸단장을 하려다가 날개가 없어진 것을 알고 눈물을 흘리며 탄식하는 것이었다. 그러나 부모가 한 일이라 감히 원망 소리를 못 하였다.

그 후, 업선은 전보다 기운이 없고 발랄하지 못했다. 그러나 보통 사람에 비하면 힘이 장사여서 누구도 그 힘을 당하는 자가 없었다.

홍업선의 묘는 현재 제주시의 외도리(外都里) 위쪽 사만이라는 곳에 있고, 매년 묘제를 지낸다. 현재 그의 9대손들이 살아 있다고 전한다.

두학이(頭鶴伊) 동산

한라산의 북쪽으로 우뚝 솟은 천하오름이 힘찬 기세를 떨치며 위로 치솟지도 않고 급하게 치달려 내려오지도 않고 유장한 자태로 느릿느릿 바다를 향해 내려오다 멈춰선 곳이 두학이로 날개를 접고 앉은 학의 모양이다. 어느 선인이 학을 타고 내려와 말을 타고 간곳이라 하여 두학이라 명명했다고 한다.

구엄 마을 전설

구엄 마을이 언제부터 사람이 살아왔는지 역사적 기록이나 고증자료가 미미하여 확실치는 않으나 조상들이 대대로 전해 온 구전에 의하여 추정을 한다면, 이 고장은 숲이 많으며 동쪽 중간에 남북으로 통한 원천

과 남로가 있다. 이 남로를 연하여 북쪽으로 천하류(내깍)과 남쪽은 원동산, 이 두 곳에 사람이 살았으며 병립하여 삼전사와 원수사 등 불교사찰이 있었다.

『불교성쇠사기』를 살펴볼 때 우리나라 불교성쇠사로 미루어 협소한 지대에 사찰이 두 곳에 있었다는 것은 불교전성기인 신라말엽 내지 고려 중엽간에 세워졌던 것이 아닌가 추측되나 연대는 확실치 않다. 현재도 사암또는 인가의 폐지가 남아있고 속칭 '삼전사지' 절물,

절동산 동광전, 원 절터, 원 절물, 원 동산 등으로 불리고 있다.

김통정 장군이 토성을 축조할 때 엄장이 마을 사람들이 동원되었다는 구전이 있다.

본 마을에는 그 이전부터 가문동을 중심으로 서북쪽으로 하천하류(내깍)에 삼전사와 남쪽은 원동산에 원수사가 병립한 이 두 곳에 사람들이 살았고 토성축조시 본 마을사람들이 동원되었으며 씨족사회를 이루고(마을 설촌을 약 700여 년 전이라 할 수 있다) 마을에 첫입주자는 확실치는 않으나 송씨 할머니가 배잇골(할망당)에 들어왔다 하므로 이후 각지에서 10여 성씨가 이주해옴으로서 형성되어 하나의 마을로 규모가 갖추어져 13호가 형성되었다고 전하여 진다. 그 후 200여 년 후에는 서암장이를 신암장이로 불렀고, 100여 년 후 중암장이로 부르다가 엄쟁이로 합칭하여 삼엄쟁이로 분리할 때 구엄장이, 신엄장이, 중엄장이로 칭하였다 한다.

충효 박계곤(朴繼崑)

조선 숙종 때, 박계곤이라는 사람이 살았다.

그는 공부를 많이 하지는 않았지만, 글재주가 좋고 나라에 대한 충성심과 부모님께 대한 효심이 지극하여 주위에 소문이 자자했다.

숙종 임금이 승하하셨다는 소문을 들은 박계곤은 슬퍼하며 제주에서 30여 명의 역군을 거느리고 왕의 능을 쌓으려 서울로 올라갔다.

각 도에서도 능을 쌓으려 많은 역군들이 모여 들었다. 그 역군들이 각각 노래를 지어 불러 서로 자랑했다.

박계곤도 '대만민회천안'노래를 지어 부르도록 하니 역군들이 힘을 얻어 어려운 일을 마쳤다고 한다.

「願戴先大王聖德兮(선대왕의 성덕을 머리에 이고 싶었는데)/ 意外明陵之役事(뜻밖에 명릉의 일이로세)/ 可憐濟州民之孤獨兮(가련한 제주 백성의 고독함이여!)/ 不遠千里赴山陵之役所(천리를 멀다 않고 산릉 역소에 왔네)/ 噫先大王之昇遐兮(슬프다, 선대왕의 승하하심이여!)/ 誰爲我而愛憐(누가 우리를 가련히 여기고 아껴 줄까?)/ 伏願旻天之有照兮(엎드려 하늘에서 조감하시길 비오니)/ 代萬民而回天顔(만인을 대신하여 임금님을 돌보소서)」

박계곤은 능 쌓기를 마치고 그는 귀향길에 올랐다.

육로를 거쳐 배를 타고 제주로 향했다.

배가 한 바다에 이르렀을 때였다.

돌연히 강풍이 몰아닥쳐 배나 사람들 목숨이 위태로운 지경에 이르게 되었다.

박계곤은 모든 것을 체념하고 마지막으로 나무 조각을 하나 배에서 뜯어내어 혈서를 다음과 같이 쓰고 자기도 몸을 바다에 던졌다.

"우리 부모님을 불쌍히 여기소서. 얼마 없어 영원히 이별하게 되나이다. 하느님, 이를 불쌍히 여기신다면, 아버님 집으로 흘려보내소서."

박계곤은 하늘에 빌며 통곡하고 절을 하였다.

며칠 후에 혈서가 쓰인 나뭇조각이 지금 한림읍 옹포리 해안에 떠올랐다.

마침 박계곤의 처가 바닷가에 물을 길러 나갔는데 허벅 속으로 이 나무 조각이 들어갔다.

박계곤의 처가 이를 보고 남편의 죽음을 친족에게 알렸다. 그의 죽음이 궁중에 전해지자 '충효박씨정문'이 내려졌다. 그 정문은 애월읍 신엄리에 있다. 조금 다른 내용으로 다음과 같다.

「박계곤은 글공부는 많이 하지 않았지만 글재주가 좋고 나라에 대한 충성심과 부모에 대한 효심이 지극하였다. 때마침 숙종 임금이 승하했다는 소문이 제주에까지 들려왔다. 박계곤은 비통해한 나머지 자진하여 삼십여 명의 역군을 거느리고 능을 쌓으러 서울로 올라갔다. 각 도에서 모여든 역군들과 함께 능을 쌓는데, 흥을 돋우느라 각각 노래를 지어 부르면 후구로 화답하고 하면서 글재주를 자랑으로 삼았다. 박계곤은 이때 '대만민회천안'이라는 후구를 불러 사람들을 놀라게 하였다. 승하하신 임금님의 덕이 만민에게 대대로 돌아온다는 뜻으로 부른 후구였다. 역군들은 물론 관원들까지도 그 유식함에 감탄하였다. "저 사람 어디서 오는가?" 제주에서 자진해서 올라온 역군임을 알자 칭찬의 소리는 더욱 자자하였다. 능 쌓기를 마치고 박계곤은 고향으로 향하였다. 섬 하나 보이지 않는 망망한 대해에 이르자 돌연 강풍이 몰아닥쳤다. 배는 순식간에 깨어지고 박계곤의 생사는 경각에 달려 있었다. 박계곤은 모든 것을 체념하고 나무 조각 하나를 뜯어냈다. '하늘이 나를 살릴 터이면 보살피소서.' 라고 손가락을 끊어 혈서를 쓰고 바다에 띄웠다. 그리고는 난파하는 배와 함께 몸을 바다에 던졌다. 이 혈서한 나무 조각이 한림읍 옹포리의 바닷가에 떠 올라왔다. 마침 박계곤의 처가 바닷가로 가서 허벅에 물을 긷는데, 이 나무 조각이 허벅 속으로 들어온 것이다. 이것을 보고 남편의 죽음을 알고 친족들에게 알렸다. 이 사실이 궁중에까지 전해져서 '충효박씨정문'이 내려졌다.」

박 씨 효 · 열 · 충 정려각

신엄리 마을회관에서 서북쪽으로 약 50m 떨어진 지점에 위치한 정려각에는 전면 중앙에 효자 박계곤의 정려비, 좌측에 박계곤의 딸인 열부 박 씨의 정려비, 그리고 박 씨의 계집종인 고소락의 정려비가 우측에 세워져 있다. 엄장리 효자 박계곤의 딸 박 씨 부인 또한 열녀로 유명하다. 박 씨 부인은 이항춘(李恒春)과 혼인했으나 일찍이 남편을 사별한 후 평생 수절하면서 살아갔다. 고소락(高所樂)은 이런 박 씨 부인의 소문을 듣고 깨달은 바가 있어 박 씨를 찾아가서 물종으로 삼아 줄 것을 간청했다. 이에 박 씨 부인은 "너와 같은 청춘에 어찌 물종으로 세월을 보낼 수 있겠느냐?"며 고소락의 청을 거절했으나 울면서 간청하자 박 씨 부인이 고소락을 받아들였다고 한다. 고소락은 평생 박 씨부인을 모시며 충성을 다했다고 전해지고 있다.

가린여와 검은여

하귀 마을 앞바다에 있는 6개의 바위섬 중 가운데 있는 2개의 섬으로 멀리서 보면 마치 사람이 죽은 시체를 매장하여 놓은 형태이고, 파군봉은 상주가 상복을 입고 앉아서 통곡을 하고 있는 모습처럼 보인다고 해서 예부터 집을 지을 때는 어느 한 곳이라도 피해야 가환이 없다고 전해 내려오며 지금도 집을 지을 때는 지켜지고 있다.

육서굴

여섯 마리의 쥐가 서식하는 지혈이 있어 예부터 많은 지관들이 그 명당자리를 찾아 묘를 쓰면 금방 쥐혈이 생겨서 정확한 지혈을 찾지 못하였다. 지금도 풍수지리설을 믿지 않는 사람이라 할지라도 명당자리를 찾고자하는 사람들은 한번쯤 관심을 갖고 하는 곳이다.

도릿발 (배염줄)

아득한 옛날 설문대할망이 이곳에서 관밭까지 다리를 놓다가 옷이 다 헤어져서 명주 100동(1동은 1필로 나타날 때가 있다)으로 옷을 만들어 주면 다리를 놓아주겠다고 약속을 하므로 사람들이 명주를 모아 옷을 만들었는데 명주 1동이 모자라 처치(속옷 앞부분)를 만들지 못하였기 때문에 다리를 놓는 것을 중단했다. 또, 일설에는 설문대할망이 체격이 얼마나 컸던지 백록담에서 발을 딛고 빨래를 하는데 그 발이 바다로 나와서 발끝이 큰 관탈과 작은 관탈에 닿았다고 한다. '설문대할망이 다리를 놓았다.' 또는 '설문대할망의 다리가 나왔다.' 해서 도릿발이라 했으며, 길고 꾸불한 모습이 뱀과 같다 해서 배염 줄이라고도 한다.

할망물

안남동 일주도로 밑쪽은 웃머리 쪽에 맑은 샘이 솟는데 이 샘이 할망물이다. 이 물에는 민물 새우가 서식하고 있는데 여기에 서식하는 새우와 물이 명림해서 산모가 산후 젖이 안나올 때는 이곳의 새우를 잡아다 먹고 이곳의 물을 감주병 2개에 길어다가 하나는 '금단병', 또 하나는 '은단병'이라고 덕담을 하면서 산모의 머리에 부어주면 막혔던 젖이 샘솟듯 솟아난다고 전해오며 지금까지도 민간요법으로 이용되고 있다.

바람 싸움

바람에는 하늬바람, 샛바람, 마파람이 있는데 하늬바람은 남편이고, 샛바람은 조강지처, 마파람은 첩이었다.

샛바람에게는 아들이 7형제이고 마파람에게는 딸이 9자매가 있었다. 샛바람과 마파람이 서로 싸움을 하는데 아들이 많은 샛바람은 아들들의 저녁을 해주기 위하여 한나절 불다가 해가 지기 전에 물러섰고, 딸이 많은 마파람은 집안일을 딸에게 맡겨두고 14일간 계속 불어대었다. 두 여인의 싸움을 보다 못한 남편인 하늬바람이 한번 크게 불어제치니 두 바람은 모두 숨어버렸다.

그래서 지금도 하늬바람이 불면 날이 좋아지고 있다 한다.

장군혈과 금잔옥대

옛날 어느 집안에 장사가 나서 지관을 데리고 묏자리를 찾아 파군봉(애월읍 하귀1리 소재)에 이르렀는데 지관이 보니 과연 명당이 있는지라 멀리 두 개의 관찰성을 바라보며 상주에게 하는 말이

"금잔옥대에 상잔은 어떠하오."

하니 상주는

"즐기는 한때 한쪽 잔이 기울어져서 마음에 없소"

하였다.

이에 지관이 사방을 돌아보며

"삼태일수(고내봉, 수산봉, 파군 봉을 가리킴)에 초승반월(파군봉 동쪽 능선)은 어떠하오."

하고 말하니 상주가 대답하길

"좋기는 좋으나 나사모관디뿔(속칭 소로기 동산을 가리킴) 한쪽이 풀어져서 못쓰겠소."

라 하므로 다시 남동쪽(광령저수지 남쪽)을 돌아보며

"대대 장군혈은 어떻소."

하고 물었다.

장수혈이란 말에 호기심이 동한 상주는 이곳을 택하고 묏자리를 잡는데

"그러면 한간(중간)을 택하겠소, 잔간(옆면)을 택하겠소."

하니 대장부가 어찌

"잔간이겠소, 한간이지요."

라고 대답했다.

지관은 상주의 말대로 묏자리를 잡아주고 돌아서며

"외손봉사밖에 할 수 없군."

이라고 혼자 중얼거리며 떨었다.

그 후 장수혈에 묘를 쓴 상주 집안은 외손봉사를 했고 탐탁하게 여기지 않았던 곳에 묘를 쓴 집안은 가문이 번창했다고 전해온다.

바굼지오름(파군봉) 유래

애월읍 하귀1리 668-1번지에 바굼지오름이 있다. 삼별초군이 여몽연합군에 항거하다 격파당한 오름이라하여 파군봉(破軍峰)이라고 부르고 있으며 오름 모양이 바굼지(바구니의 제주방언)와 같은 형상이라 하여 바굼지오름이라 부른다.

송 씨 할망, 본향신 내력담

상귀리 설화이다.

옛날 옛적 송 씨 할마님이 소국에서 제주도 한라산에 귀양을 왔다. 할머니는 낮에는 청구슬로 놀이를 하고 밤에는 백구슬로 놀이를 하였다.

이때 상귀리에서 강 씨 할아버지가 천기를 떠 보니 얼굴은 관옥이요, 인물은 충신인 아가씨가 있음을 알고 마상조총을 메고 찾으러 나갔다. 강 씨 할아버지는 '등물산'을 넘어 한라산을 올라 찾았으나 송 씨 할머니가 청구슬 백구슬로 조화를 일으키니 찾을 수가 없었다.

강 씨 할아버지는 끝내 송 씨 할머니를 찾아내어 뒤쫓으니, 송 씨 할머니는 말고삐를 쥔 채 화살 한 대를 쏘니 '어승생봉'에 지고, 다시 화살 한 대를 쏘니 '보로미동산'에 화살이 떨어졌다. 거기 와서 좌정할까 해 보니 인간이 부정하고 날핏냄새가 나므로 못 쓰겠다 하여 다시 화살 한 대를 놓으니, 지금 당이 있는 밭의 돌에 맞았다. 그래서 '쌀맞인돌'이라 하고 이 지명을 '황다리궤'라 지어 만년 늙은 팽나무 밑으로 좌정했다. 그랬더니 강 씨 할아버지가 뒤쫓아 와서 안쪽 굴 속에 좌정하니 육식을 하는 신이라 날핏냄새가 나서 못쓰겠으므로 다시 안쪽(바람 위)으로 좌정했다한다. 이와 관련하여 전해오는 상귀리 황다리궤 이야기는 다음과 같다.

「옛날 당 오백, 절 오백 부술 때는 이 당을 부수려고 하니 당신이 청비둘기로 변하므로 상귀리민들이 위쪽 '돈물'에 가서 이 비둘기를 숨겼다가 다시 이곳 '황다리궤'에 좌정시킨 신이다. 상귀리 활다리궤당에는 매서운 성깔로 남편을 문간방으로 쫓아낸 송씨할망이 자리 잡고 있다. 황다리궤 안쪽에는 송 씨 할망이 자리 잡고 있고 울타리 바깥쪽 문간방에는 강 씨 하르방이 자리를 잡고 있다. 원래 이 부부는 함께 앉아서 신앙인들의 공양을 받았다. 하루는 강 씨 하르방이 바닷가에 놀러갔다. 마침 해녀들이 바다에서 망사리 가득 소라 전복을 잡고 올라오는 게 아닌가. "술 한 잔 생각이 절로 나는구나!" 강 씨 하르방은 해녀들이 주는 소라와 전복, 바다냄새 물씬 풍기는 싱싱한 해산물 안주에 기분 좋게 술 한 잔을 걸치고 돌아왔다. 그런데 송 씨 할망은 갯비린내 나서 못살겠다고 잔소리를 퍼부었다. 부부는 식성이 너무나 달랐다. 또 어느 날 하루는 강 씨 하르방이 심심을 달래려고 어슬렁어슬렁 마을로 내려가 봤더니 남정네들이 모여 돼지 추렴을 하고 있었다. 입안에 저절로 침이 고였다. "이거 또 먹을 일이 생겼구나!" 그날 돼지고기 안주에 술을 먹다보니 곤드레만드레가 되었다. 이리 비틀 저리 비틀 걸을 때마다 술 냄새, 돼지고기 냄새가 진동했다. 황다리궤로 들어서니 마누라 송 씨 할망이 머리 꼭대기까지 화가 나서 소리쳤다. "아이고, 술 냄새야! 이제부터 당신은 이 안에는 들어오지 못합니다." 하르방이 우두커니 서서 물었다. "게민 난 어디강 살렌 말이라(그럼 난 어디 가서 살란 말인가)?" "저기, 저 바람 아래쪽 문간에서나 지냅서." 그 후로 두 부부는 따로따로 앉아서 신앙인들의 위함을 받게 되었다 한다.」

이 부부는 식성이 비록 달랐으나 슬하에 딸 넷을 두었다. 큰딸은 소길리 연폭낭 아래에 가서 좌정하고, 둘째딸은 사우기리 황다리궤에 어머니와 함께 좌정하였다. 셋째는 장전리 연폭낭 아래에 좌정하고, 막내딸은 엄장이 오당빌레에 좌정하여 신앙인들을 잘 보살펴 주고 있다.

비석거리(비석동)

조선시대 선정을 베푼 현감의 송덕비가 있었다는 데서 유래된다. 이곳에는 1960년대까지만 해도 몇 점의 비석이 방치되어 있었으나 1972년 초 국도 확장에 따른 매립공사로 인하여 소실되었으나 1987년 1점이 발굴되어 그 사실을 입증해 주고 있다.

항개(항포동)

원래 군항포를 항개(개와당) 또는 항포동으로도 불리며 현재 마을 어항인 포구 앞바다는 그 모양이 멀리서 볼 때 주변에 바위로 감싸여 있는 것이 마치 항아리처럼 생겼다는 의견과 군항으로 쓰였다는 데서 유래되었다는 의견이 있다.

군냉이(軍浪浦)

고려 원종 11년(1270) 삼별초군이 항파두리 성을 구축하고 본거지에서 인접한 연안을 전초기지 및 군항으로 이용했다는데서 유래되었다고 한다.

입니물

원 뜻은 임(님)있는 물인데 과객이 물을 마셔보고 맛이 좋다하여 미수(味水)라고 한 것이 이 물의 유래이다. 미수동 주민의 식수로 절대적인 샘물이었다.

부처물동(푼채물)

현재는 사람이 살고 있지 않으나 설촌 연대는 350여 년 전으로 본다.

이곳은 북쪽으로는 파군봉을 끼고 하류에는 병풍천이 흐르고 있는 병풍천에 위치해 있는 곳으로 연대 미상의 사찰이 설립되면서 많은 신도들이 가정의 평안과 안녕을 비는 곳이었는데, 어느 날 갑자기 사찰이 부서지면서 주지스님이 쓰던 대야가 샘 속에 묻혔는데 그후 비가 와서 물이 넘칠때는 대야 우는 소리가 울린다고 전하며 그당시 모셔있던 불상은 최근까지 월령사 외곽에 있었다고 한다. 그래서 이곳을 '부처물동' 또는 '푼채물'이라고 전해오고 있고 샘물 맛이 좋아 근래까지도 식수로 많이 이용해 오고 있다.

극락사 전설

상귀리에 극락사가 있다. 극락사는 1928년 8월 유수암리 사람들이 봉헌한 극락봉 서편 자락에서 1897년 3월에 불법문에 귀의한 백암당 변덕립(邊德立) 선사가 창건했다고 한다. 그 후 1934년 8월 백암 스님이 입적하여 10여 년 동안 주지 스님이 공석인 가운데, 1944년에 범어사에서 수학하던 월명 치붕 스님이 귀향하면서부터 대웅전 30평을 기와로 개축하는 등 중건했으나 1948년 제주4·3사건의 전화 속에 소실되는 비운을 겪기도 했다. 2001년에 대웅전을 중건하고, 숙광전, 원통전을 건립하여 오늘에 이르고 있다. 이 극락사에는 옹성물이 있다. 옹성물에 전해오는 이야기는 다음과 같다.

「옹성물/ 지금의 극락사 경내에 있는 생수로 구시물과 함께 삼별초군의 식수로 사용하였다. 옹성은 무너지지 않는 성인데 생수가 솟아나는 지형을 보고 붙인 이름인 듯하다. 또 오생물이라고도 하는데 이는 옹성물의 와음이거나 아니면 거제비, 자귀남귀, 구시물, 옹성물, 장성물을 합하여 오생물이라 부르다가 다른 물은 독립적인 이름이 붙고 이 물만 오성이란 이름으로 남은 것으로도 볼 수 있다. 오생물은 '성 밑으로 나는 다섯 개의 샘물'로도 해석할 수 있겠는데 병사나 사녀는 구시물을 먹고 이 물은 장관이나 계급이 높은 사람들이 전용했다고 한다.」

본향당(항다리궤)

지금부터 450여 년 전 마음씨 착하고 정성이 갸륵한 송 씨 할망과 강 씨 하르방 부부가 평화롭게 살고 있었는데 어느 날 밤 꿈에 강 씨 하르방 자신이 하는 말이

"나는 용이 되어 하늘로 날아가야 하는데 지금 당장 배가 고파서 날아 갈 수 없으니 당신 내외 중 아무도 좋으니 두 분이 의논해서 나에게 재물로 받쳐 준다면 그 보답으로 이 마을에 자손의 번영과 번

축 하며 모든 재난을 막아주마."

하고 사라져 버렸다.

잠에서 깨어난 강 씨 하르방은 이상하게 여겨 어젯밤 꿈에 있었던 일을 송 씨 할망에게 자초지종을 말했더니 이 말을 들은 송 씨 할망은

"아이고 이 노릇을 어떻게 호랴. 하르방이 죽어도 나 혼자 못살고, 내가 죽어도 하르방 혼자 어떵살코."

하면서 고민 끝에 천지 신령님께 기도하는 수밖에 없다하여 매일같이 기도를 올리는데 갑자기 음력 정월 초이렛날 폭풍우가 몰아치고 천지가 요란하게 진동하며 커다란 구멍이 뚫히고 용이 하늘로 날아가면서 용암구가 생겨 그 자리에 송 씨 할망이 절규했고, 뒤이어 강 씨 하르방도 애석하게도 희생된 할망 곁으로 가다가 채 못미쳐 옆 바위틈에 끼여 순화하셨다는 설이 전해지고 있다.

웡이자랑괴

파군봉 동쪽에 있는 건천(하귀천)에 겉으로 보기에는 자그마한 동굴이 있다. 옛날에 아기를 낳다 죽어 원혼이 된 산모가 있었는데 아기에 대한 한을 못 잊어 비가 오거나 음침한 달밤에는 한 맺힌 소리로 애기구덕을 흔들며 '웡이자랑'하는 자장가를 부르는 소리가 들렸다. 또, 굴의 규모는 작으나 길이가 길어서 그 동굴에 고양이를 들

여보냈더니 고양이가 병풍천에 솟는 용천수 구멍으로 나왔다고 전해진다.

물메오름(수산봉) 유래

물메에 위치한 오름으로 물메는 예로부터 물미 또는 물메로 부르고 한자 차용 표기로 수산으로 표기하였다. 이 오름 꼭대기에 샘물이 있었기 때문에 붙인 것이다. 조선시대 물메에 봉수를 설치하였기 때문에 수산봉이라 하다가, 봉수를 폐지하여서도 수산봉이라 오늘에 이르고 있다. 그러나 원래 이름은 물메 또는 물미이다. 물메 동남쪽에는 수산저수지가 있고 오름 꼭대기에는 수산봉수지가 있는데, 이 봉수는 동쪽으로는 도원과 도두봉, 서쪽으로는 고내봉수에 응했다고 한다.

수산봉 전설

높이가 122m인 수산봉은 오름이 아름잡고 어질다해서 영봉이라 불렀고 가뭄이 들어 한해가 극심할 때 목사가 이곳에 와서 기우제를 지내면 비가 내려 풍년이 된다고 전해지고 있다. 수산봉(물메오름)의 안내문 내용은 다음과 같다.

「예전에 봉우리에 못이 있어 물메(물미)라 불러 왔다. 이 오름 남동쪽 기슭에는 수산저수지, 남서쪽 비탈에는 충혼묘지, 동쪽 비탈 중턱에는 대원정사가 자리 잡고 있다. 표고는 122m이다. 오름 전체에 해송이 울창하게 우거져 있으며, 특히 저수지 주면에 있는 400여 년 된 곰솔은 지방기념물 제8호로 지정 보호되고 있다. 조선시대에는 이 오름 정상에 봉수대가 있었는데 그것을 물메봉수 라고 하였고 동쪽으로 도두봉수에 응하고 서쪽으로 고내봉수에 응했다. 또한 이 곳 산상에는 기우제를 오리는 치성터가 있어 예로부터 영산으로 불러 왔다. 오늘날의 지도에는 수산봉으로 표기하고 있으나 원래 이름은 물메·물미이다.」

수산 본향당(本鄕堂) 전설

수산리 본향당은 송 씨 할머니가 딸 일곱 자매를 낳았는데 가난 때문에 먹고 살릴 길이 없어 얻어먹고 살지 않으면 안 될 처지에서 헤어지지 않으면 안 될 형편이었다. 이들은 한라산으로 내려오다 해가 저물자 배가 고파 궁여지책으로 서로 헤어져서 아무데라도 들어가 얻어먹기로 작정하다 금덕의 절산당, 장전의 고지물당, 소길의 덩덩굴당, 광령의 자운당, 상귀리 항다리궤당, 하귀의 돌거릿당, 수산의 당가름당에 각각 좌선했다한다.

신선마루와 볼래낭당

소길리 마을에서 약 1㎞ 쯤 동쪽으로 가면 볼래낭당 밭이 있다. 약 400년 전 묵은 가름동네가 설촌되었을 때 신선마루를 신선의 산이라 믿고 당을 모셔 동리와 집안의 안녕을 빌었다고 한다.

마을이 폐촌 되자 당시 남제주로 양씨가 이주하면서 신을 모시고 가버려 폐허가 됐지만 양씨들은 지금도 신선마루 볼래낭당을 모시고 있다 한다.

소길리 검은덕이오름

검은덕이오름은 소길리 산 118번지 일대에 위치하고 있다. 높이 401.5m, 둘레 882m, 면적 57,156㎡이며, 모양은 북서쪽으로 벌어진 말굽형의 화산체로 되어 있다.

예로부터 검은덕이오름 일대에는 감은 덕, 검은 암반이 많다는 데서 감은덱이오름 또는 검은덱이오름으로 불렀다. 한자 차용 표기로 쓸 때는 감은덕악(感恩德岳) 또는 흑덕악 등으로 표기하였다. 심지어 금덕악(今德岳)으로 표기하였다. 거문덕이오름에는 주로 소나무가 자라고 있으며, 오름의 남쪽 일부에는 삼나무가 조림되어 있고 억새, 가시덤불이 무성하게 자라고 있다.

검은덕이 유래

애월읍 소길리 산 118번지에 있다. 유래 어원은 제주특별자치도에서 편찬한 『제주의 오름』(1998. 7. 25.)에서는 '검은덕'이란 이름 어원에 대하여 두 가지 풀이가 있다고 했으며 '검은'은 흑이고 '덕'은 '언덕'의 옛말로 검게 보이는 언덕위에 오름이라는 뜻이다. '검은덕'은 금덕리의 옛 이름으로 검은덕〉검은덕이〉검은데기의 변천과정을 거쳐 이 오름을 검은데기라고 부르기도 한다. '검은'은 옛말로 신성의 뜻을 나타내기도 한다.

막산이 구석(옆)

막산이 구석은 제주운전면허시험장(소길리 소재) 서남쪽 지경에 있다.

이 곳은 비교적 움푹 꺼진 지형을 이루고 있으며, 서부산업도로가 지나고 있다.

옛날 대정현 창고내(창천)에 강별장집 종이었던 막산이는 힘센 일꾼이었으나, 워낙 배가 커서 부자인 강별장도 먹여 살릴 수가 없었다.

그래서 종의 신분임에도 불구하고 자유롭게 나가 살게 하였다. 그러나 집을 나선 막산이는 먹을 것이 없어 고민이었다. 막산이는 이

곳에서 남의 소를 잡아먹으며 살다가 결국 죽고 말았다 한다. 이 인근에는 과거 대정현과 제주 목을 오가는 관리들이 묵어갔다는 원이 있었으며, 제주4·3사건으로 인해 사라져 버렸지만 본래 이 곳에 원동이라는 마을이 있어 막산이가 먹을 것을 얻어 먹기에 좋은 입지 조건을 지녔다고 할 수 있다.

좌랑도

좌랑의 벼슬을 얻은 사람이 지금의 좌랑못 자리에(당시는 못이 아니었음) 집을 짓고 '괸물'을 식수로 이용하며 살았다.

좌랑은 권세를 이용하여 인근 주민들에게 많은 정신적 박해(迫害)와 가렴주구(苛斂誅求)를 일삼았다.

인근 주민들이 받은 정신적·물질적 피해 때문에 주민들은 이가 갈리는 원한을 품게 되었다.

얼마 후 좌랑이 죽자 원한을 품은 주민들이 그 집을 헐고 그 자리를 파서 연못을 만들어 버렸다.

1929년에 가뭄이 아주 심하여 연못의 물이 다 말랐을 때 이 연못 바닥에 쌓인 흙을 파내는 작업을 한 일이 있었다. 그때 연못 바닥에서 주춧돌이 발견되었다고 전한다.

선달 이야기

사장밭 하면 다른 마을에서도 대개 활 쏘는 장소로 전해진다.

이조 중엽쯤, 사장밭 근처에 힘이 아주 센 총각이 살았는데, 이 사람은 무관이 되고픈 욕심은 애초부터 없었고 그저 산에 가서 나무를 해다 파는 평범한 청년이었다.

하루는 그늘에서 잠시 쉬고 있는데, 행세하는 집안의 자제들이 활 쏘기 시합을 하는 게 보였다.

그것을 보니 쉬울 것도 같아 활을 빌려 연습하는데 생각대로 쉽게 되질 않았다.

신경질이 난 그는 그냥 맨손으로 화살을 잡아 던졌다.

그러자 그냥 정통으로 과녁에 들어가는 게 아닌가?

별것도 아니구나 하면서 집으로 돌아왔는데, 하루는 사장 밭에서 무관을 뽑는 시험이 있었다.

가서 지켜보니 그럴 듯하게 생긴 사람들이 활솜씨는 영 맹탕이었다. 보다 못한 총각은 씩씩하게 양반들 앞으로 나서

"뭐, 이런 걸 한 눈 감고 힘들게 하느냐, 이렇게 하면 되는 것을."

하고 맨손으로 활살을 들어 대충 겨냥하고 휙휙 던지는데 그게 과녁 정통으로 꼽히는 게 아닌가?

이 때 시험관이 멀리서 보니까 누군가 몇 번을 연달아 맞히기에 선달 벼슬을 주었다고 한다.

사장밭

장전리에 있는 사장(射場)밭은 활터를 일컫는 말이다. 현재 장전에 위치한 사장밭은 동서의 길이 300m, 남북의 길이 200m나 되는 넓은 들판이다. 김통정 장군의 지휘 아래 대몽항쟁 당시 군사적으로 훈련하던 장소(밭)라는데 연유하여 붙여진 이름이다.

원시신앙(할망당과 덩덩굴하르방)

신당은 제주 사람들의 신앙처로 마을마다 있었다.

소길리 당은 송 씨 할망당으로 행정구역상으로는 장전리 지경인 속칭 당밭에 수령 약 400여 년이 되는 팽나무 1개를 송 씨 할망의 변신으로 주민들은 모시고 있다.

덩덩굴 하르방은 당밭 인근에 큰 암석이 있는데 그 암석에는 수평으로 한 사람이 들어갈 정도의 구멍이 있어 덩덩굴 하르방의 신에게도 함께 기원하는 행위가 지금도 계속 행해지고 있다. 그러나 이 할망당과 덩덩굴 하르방의 시초는 기록이나 구전되는 것이 없어 알 수가 없다고 한다.

마고(馬古)리 물

　장전리 설화로 이 마고리 물은 사장밭 남쪽 200m 지점에 위치한 샘물이다.

　사철 물이 흐르는 샘물로서 바로 북쪽 들판까지만 해도 흐르는 물을 이용하여 논밭을 가꾸고 주민의 생활용수로 활용했다. 이 물이 바로 대몽항쟁 당시 책임자인 역장의 지휘 하에 사장밭에서 훈련하던 군마에게 물을 먹이던 곳이라는 것이다.

　이에 연유하여 마고리 물(옛날 군마들이 먹던 물)이란 이름으로 전해오고 있다.

유수암천(큰물, 태암수)

　유수암리 1937번지에 있는 큰 샘물로서 남쪽으로 40여 m 지점인 절산 근처에서 발원하여 암벽 속 수로를 거쳐 이곳에서 용출되는데 큰물은 마을 형성의 밑바탕이었으며 마을 이름이 연원이 되었다. 유수암천 '유수암천명' 비석에 다음과 같이 쓰여 있다.

「한라산 서북 나래 드리운 곳에 우뚝 솟은 절 마루! 그 아래 십리허(十里墟)에 봉소형(蜂巢形)을 이루었고 감천(甘泉)이 용출(湧出)함에 이름하여 유수천(流水泉)이라 하였다. 극심한 한발(旱魃:가뭄)에도 끊이지 않으며 여름에

차갑기가 빙수와 같고 겨울에 따스함이 온천(溫泉)을 의심(疑心)할지 내 이 맑은 물은 온 마을에 역질(疫疾)을 예방하고 성인병(成人病)을 볼 수 없으니 예천(醴泉)에 비할지로다. 제주4·3사건으로 동네가 초토화되어 인적이 끊이니 일 년이 샘은 흐름을 끝이고 식수조 바닥에 겨우 고였을 뿐이었는데 마을이 재건됨에 큰비가 내리지 않았음에도 차츰 흐르기 시작한 것을 볼 때 과연 영천(靈泉)이라 아니할 수 없음이로다. 고려중엽 항파두성에 삼별초군이 웅거 할 즈음 태암사(泰岩寺)가 들어오며 손길이 닿아 판석과 장여의 고목판으로 상하식수조, 세소조, 세탁조 등으로 개수됨이 그 몇 번이런고! 일제강점기 말 연대이상(聯隊以上)의 병마를 본리에 주둔함에 상하식 수조를 확장 상조를 복개 하였더니 해방 후 장전, 소길리에 식수를 공급키 위해 개수배관시설도 하였고 지금은 집집마다 상수도시설을 하더니 더더욱 관심 밖으로 밀려난 이 영천을 잊지 않고 이응호 사장이 애향심을 발휘하여 거금을 쾌척함에 본리의 자부담과 정부의 지원으로 향민의 조언을 들어 우하문교원의 안으로 새롭게 개수 단장하여 선선히 후손들에게 물려주기에 이르러 향민 일동은 깊은 감사를 표하고 이 유수암천을 영원히 애호할 것을 바라 이 단석에 명하는 바이다.」

제주4·3사건으로 온 동네가 초토화되어 인적이 끊기자 이 샘은 흐름을 멈추었다한다.

김수못 전설

　유수암리의 김수못은 고려원종 11년(1270) 9월에 당시 영암부사였던 김 수 장군이 고여림과 함께 삼별초의 탐라상륙을 막기 위하여 입도하여 진을 쳤던 곳이다. 못의 가운데 있는 버드나무가 있다. 못의 한컨에 김 수 장군의 유적비가 서있다. 다음은 비문의 일부이다.

　「왕명을 거역(拒逆)했기에 별초(別抄)는 역(逆)이 되고 왕명을 받들었기에 장군은 충(忠)이 됐으며 백성을 침해(侵害)했기에 별초(別抄)는 적(賊)이 되고 백성을 지켰기에 장군은 성인(成仁)을 했다.」

　김 수 장군묘(제주특별자치도기념물 제60-3호)가 산새미오름에 있는 것으로 추정된다. 산새미오름은 1100도로에서 서쪽으로 산록도로를 따라 4㎞ 정도 되는 곳에 오름 표지석이 있고, 이곳에서 좀 남쪽으로 조금만 걸어가면 산새미오름의 북사면에 이르는데, 많은 묘들이 들어서 있어 이곳이 명당임을 짐작케 한다. 많은 묘들 중 가장 위쪽의 묘가 다른 묘들과는 다른 형상을 하고 있는데, 원래부터 그랬는지 오랜 풍상에 낮아졌을 봉분은 평평하고, 그 밑은 현무암 판석을 사방으로 둘러서 장방형을 이루고 있다. 이런 방형 석곽묘는 서귀포시 하원동 탐라왕자묘역과, 묘산봉 광산김씨 방묘와 가시리 설오름 청주한씨 방묘뿐이라 한다. 묘의 주인은 구전에 의하면 고려 원종 11년(1270) 9월 삼별초의 탐라 상륙을 막기 위하여 입도하였던 김수장군의 묘라고 하는데, 확실하지는 않다. 그 유래는 다음과 같다.

「김 수 장군은 입도 후에 산새미오름 밑에 진을 쳤고, 2개월 뒤 11월 3일에 삼별초 이문경과 송담천 전투에서 전사하였다. 따라서 입도 후 머물렀던 장소에 묘를 썼을 가능성은 있지만, 광산 김 씨 종친회에서도 1987년에 이곳의 묘를 답사하였으나 김수의 묘라는 확증이 없다고 판단하였다. 묘는 경기도 장단군 송단면 고장산에 있는 것으로 파악하고 있다. 분단으로 춘화(香火)를 받들지 못함을 애석하게 생각하여 입도조묘가 있는 묘산봉 화산악에 단(壇)을 세우고 제를 올리고 있다고 한다.」

오방석 전설

유수암리에는 마을에 동, 서, 남, 북, 중앙에 다섯 개의 돌을 세워서, 마을에 잡귀와 신이 침범하지 못하도록 하고, 마을의 안녕, 평화, 건강, 번영을 기원하였는데 오방석에 대한 유래는 다음과 같다.

「· 남쪽 모남돌: 거대한 바위가 언덕위에 얹혀 있다. 인간이 밀어 올렸다고 보기에는 크기와 무게가 만만치 않아 보인다.

· 동쪽 선돌: 뾰족한 모양의 돌이 하늘을 찌를 듯이 서있다.

· 중앙 솔동산 석: 마을 한 가운데 솔동산이라는 곳에 있다. 솔동산이라는 지명이 있는 마을이 많은데, 이름의 유래에 대해서는 활을 쏠 때 과녁판을 바치던(솔대)를 두었던 데서 왔다는 설도 있지만 확실한 것은 아니다. 개인적인 생각으로는 솟대를 세웠던 장소가 아니었을까 한다.

· 북쪽 왕돌: 무게 100톤으로 추정해보는 거대한 바위덩이다. 고인돌이 확실하다고 한다. 원래는 길 가운데 있던 것을 도로 확장공사를 하면서 지금의 위치로 옮겨놓았다.

· 서쪽 선돌: 원래는 우뚝 솟은 바위였으나 언제부터 인가 넘어지게 되었다. 전설에 따르면 조선 중엽 이 씨 집안의 귀복이란 종이 주인으로 부터 호된 질타를 받고 화풀이로 쓰러뜨렸다고 한다. 그 후 6·25전쟁 직후에는 충혼비와 순국자명단비의 받침돌로 이용되다가, 2007년에 마을에서 뜻을 모아 비로소 일으켜 세웠다.」

난악(알오름) 유래

애월읍 유수암리 산114번지에 있다. 정상에는 탑이 새워졌던 흔적으로 와이어가 땅속 깊이 묻혀 있다. 탑을 세웠거나 세우려 하다 그만둔 것 같다. 평화로에서 바라보는 난악은 작은 동산처럼 보이며 모양이 새알처럼 생겼다하여 알오름이라 부르고 난악(卵岳) 또는 난봉(卵峰)이라 부른다.

노로오름 유래

유수암리에 위치한 노로오름에는 다음과 같은 유래가 전해 오고 있다.

「노루가 살았던 '노로오름'은 애월읍 유수암리 한라산 1,000m 고지에 위치한 높이 1,070m의 펑퍼짐한 오름이다. 남북으로 두 봉우리가 이어져 큰노로오름, 족은노로오름이라 불리고, 한자로는 그 뜻을 따서 장악(獐岳), 또는 음을 따서 노로악(老路岳)이라고 표기하고 있다. 예전에 오름 일대에 노로, 노리(노루)가 많이 서식했다고 해서 붙여진 이름이다.」

궤물오름 유래

유수암리 지역에 위치한 오름으로 다음과 같은 유래가 안내석에 써 있다.

「애월읍 유수암리에 있는 이 오름은 표고가 597m이고 비고가 57m이다. '궤'는 땅속으로 팬 바위굴을 뜻하는 제주방언이고 '궤물'은 '궤의 물' 또는 '궤에서 솟아나는 물'이란 뜻이다. 이 오름 북동쪽 사면에는 '궤물'이라 부르는 샘물이 있어서 '궤물오름'이라 부르게 된 것이다. 이 오름은 북동쪽으로 벌어진 말굽형 화상체로 이루어져 있다.」

거문덕이 하르방당, 송 씨 할망당

유수암리 설화이다.

거문덕이에서도 포제를 지내지만 유수암과 함께 같은 하나의 마을로 생각하여 함께 지내는 것이 아니라 하르방당에서 따로 지냈다고 한다. 그리고 여기서 지내는 포제는 유수함 포제와는 달리 무속적 특성이 짙게 깔려 있으며 당굿을 먼저 지낸 다음 나중에 포제를 지냈다고 한다. 포제에는 다른 지역과 마찬가지로 여자들은 참석하지 못했다한다.

송 씨 할머니 3형제가 산지로 들어왔다. 그 중에서 큰언니가 수산봉에 올라가서 그곳을 좌정을 했고, 둘째 언니는 유수암 절산 터에 좌정하고, 막내는 김동제 할아버지를 만나 부부로 지내다가 할아버지가 술과 더러운 음식을 먹어서 도저히 같이 못 살겠다고 하여 별거하고 남당밭에 좌정하게 되었다. 그래서 할망당이 되었고, 할아버지는 당오름에 그대로 좌정하여 하르방당이 되었는데 이를 큰당이라고 일컫는다.

종신당(終身堂)

이 종신당은 애월읍 금덕리(今德里)에 있는데 이 이름은 속칭이다. 전설에 의하면 이 종신당은 김통정 장군이 여몽연합군에 쫓겨 한라산 붉은 오름으로 들어가기 전 처와 자식은 고성 안오름에서 자기 칼로 죽이고 어머니는 금덕쪽으로 피신시켰는데 김통정 장군의 어머니는 이곳 종신당에 들어와서 은신할 굴을 팠다. 물론 사녀가 따라와서 도왔을 것이다. 그리고 그 굴 안에 몸을 은신하고 밤에는 '눈비아기쿨'이란 풀의 씨를 따 짜낸 기름으로 불을 켰다고 한다.

김통정 어머니는 주위에 살고 있는 주민에게 부탁을 하였다.

이곳에 불빛이 안보이거든 입구를 막아 달라고⋯⋯. 그 후 이 굴에 불빛이 안보이므로 죽은 것으로 간주하고 주위에 거주하는 사람들이 입구를 흙으로 막으니 자연적인 무덤이 된 것이다.

이후부터 이 곳을 '종신당'이라 일컬었다.

1960년대까지만 하여도 이곳 주위에 옛기왓장(항파두리 기와와 같음)들이 널려 있었으며 또한 주위에는 자생하는 자당화가 있었다.

그리고 일제강점기에는 이 곳에 호리꾼들이 와서 이 묘를 파헤쳐 은수저, 옛날 솥, 참나무로 된 밥상을 가져가 버렸다 하니 지금 생각하면 아쉬운 마음 금할 수가 없다. 안내문에는 다음과 같은 글이 쓰여 있다.

「1271년 고려 원종 12년에 항몽 삼별초군이 항파두성에 웅거할 때 함께 따라온 한 고승이 아름다운 상과 맑은 샘을 발견하고 김통정 장군에게 보고하자 그가 이곳에 암자를 짓도록 지시하고 암자 이름을 태암감당이라 붙였다. 그의 어머니와 처가 이곳 암자에 기거하면서 삼별초군이 여몽 연합군과의 전투에 무운을 기원하는 기도를 드렸다. 정성어린 기도는 허공 속에 메아리 되었는지 적의 침략으로 철옹성 같던 항파두성은 함락되고 김통정 장군은 전사하였다. 그의 가족도 이 암자를 떠나 멀지 않은 곳에 토굴을 파고 들어가면서 부하에게 토굴 속에 불빛이 보이지 않으면 입구를 막고 무덤으로 만들라고 지시하였다. 얼마 후 토굴속에 불빛이 사라지고 인기척이 없자 토굴 입구를 막고 무덤으로 만드니 이를 종신당이라 부른다. 지금은 태암감당이나 종신단의 흔적은 희미해지고 우뚝선절사(108계단)과 고고한 자태로 700여 년을 지켜온 팽나무와 무환자나무는 옛날의 역사를 간직하려는 듯 말이 없고 유유히 흐르는 샘물만 이 무슨 사연을 말해 주려는 듯 지금도 변함없이 흐른다.」

열녀 홍윤애 비문

열녀 홍윤애(1754~1781)는 조선 정조 때 살았던 '제주의 춘향이'로 평가되는 여인이다. 그녀는 조선 정조 때 제주에 유배 온 조정철(1751~1831)과 사랑을 나눈 죄로 죽음을 당하였다. 홍윤애는 정조 8년(1777) 정조대왕 모반사건에 연루돼 제주로 귀양 온 조정철의 고매한 인격에 반해 그를 흠모한다. 그러나 조정철과 사이가 좋지 않은 새 목사 김시구가 부임하면서 조정철의 적소를 드나드는 홍윤애를 발견, 문초를 시작한다. 갖은 문초로 끝내 홍윤애는 지아비를 위해 죽고 만다. 세월이 흘러 조정철은 유배생활 30여년 만에 관직에 재등용 돼 제주목사로 부임한다. 그러나 사랑하는 님은 가버려 그녀의 무덤가에서 천도재를 올린다. 조정철이 홍윤애 비 뒤에 이렇게 묘비 문을 지었다.

「좌옥매향엄기년(座玉埋香奄幾年) 옥을 묻고 향을 묻은 지 문득 몇 해이 런가?/ 수장이원소창천(誰將爾怨訴蒼旻) 누가 네 억울함을 하늘에 호소할 수 있으리?/ 황천로수귀하뢰(黃泉路邃歸何賴) 황천길은 멀고먼데 누굴 의 지해 돌아갔는가?/ 벽혈장심사역연(碧血藏深死亦綠) 충직함을 깊이 새기었 으니 죽음 또한 인연일까?/ 천고방명두열(千古芳名杜烈) 천고에 높은 이름 열문에 빛나리니/ 일문쌍절제형현(一門雙節弟兄賢) 일문의 높은 절개 모두 어진 형제였네/ 조두쌍궐금이작(烏頭雙闕今難作) 아름다운 두 떨기 꽃 글로 짓기 어려운데/ 청초응생마만전(靑草應生馬@前) 푸른 풀만 무덤에 우거져 있구나.」

홍윤애 혈족은 곽지리이다. 또한 엄장이 해안가에 의녀 홍윤애의 사랑 이야기라는 판석이 사랑의 종화 함께 자리를 지키고 있어 오가 는 이의 가슴을 여미게 하고 있다. 그 내용은 다음과 같다.

「의녀 홍윤애는 목숨을 던져 사랑하는 사람을 살린 정의로운 제주여인이다. 그녀의 연인은 정조 시해 음모에 연루돼 1777년(정조1) 제주에 귀양 온 청년 선비 조정철(1751~1831)이었다. 행복도 잠시, 조정철 집안과 원수인 제주 목사가 부임하면서 산산이 부서졌다. 제주목사 김시구는 조정철을 죽일 수 있 는 죄목을 캐기 위해 그를 뒷바라지하는 홍윤애을 잡아 들렸다. 혹독한 고문과

몽두이질을 받아 죽어가면서도 홍윤애는 조정철에게 불리한 거짓자백을 단호히 거부했다. 그녀의 죽음은 당시 조정을 발칵 뒤집었고 암행어사가 파견돼 진상조사 후 조정철을 죄 없음이 드러나 목숨을 건졌다. 그로부터 30년이 지난 순조 11년(1811) 제주 목사로 자원하여 부임한 조정철은 홍윤애의 무덤을 찾아 추모시가 적힌 비석을 세워 통곡하며 그녀를 의녀라 일컬었다. 홍윤애의 목숨을 건 사랑은 소설이 아닌 실화로 「춘향전」이나 「로미오와 줄리엣」 보다 드라마틱하다.

제주도가 유배지여서 가능했던 실화의 주인공 홍윤애의 묘는 현재 애월읍 유수암리에 있으며 애절한 사랑 이야기를 널리 전하고 넋을 기리기 위해 애월읍과 제6기 애월읍 주민자치위원회에서 여기에 사랑의 종탑을 세운다. 2013년」

솔동산 석

마을 한가운데 있는 속명으로 솔동산에 있으며 솔동산이라는 이름은 아마도 여기에 솔대(활을 쏠 때 과녁판을 달고 버티게 하는 기둥)를 세웠었지 않았는가 생각되며 선인들은 이 바위 돌을 저울형이라고 하였는데 옛날에 있었던 저울의 형체를 알 수 없어 이해하기 어렵다.

서 선돌

지금은 충혼비와 순국자명단비의 대석(臺石)이 되어있으나 원래는 입석되었던 것을 이 댁의 귀복이라는 힘센 종이 분풀이로 이 돌을 쓰러뜨렸다는 전설이 있으며 선인들은 금퇴형, 즉 돈이 쌓인 형이라고 하였다. 2007년도에 원래 모습으로 조성되었다.

태산사(泰山寺) 터

태산사 터는 애월읍 유수암리 속칭 '절동산'이라고 불리는 곳에 있다. 이 절동산은 마을의 중심부에 위치하고 있다. 이 동산의 하단부에는 '유수암천'이라는 샘이 있다. 태산사는 이 유수암천을 중심으로 하여 동·서·남쪽에 자리 잡고 있었던 것으로 추측된다. 유수암천 남쪽에는 '태산석'이라고 음각된 비가 있다. 태산사 사찰에 관한 문헌 기록은 아직까지 발견되지 않았다. 그러나 절터의 주변에 아름드리 무환자 나무들이 있다. 이는 옛 태산사의 스님들이 염주를 만들 때 사용하려고 심은 것이라고 전하고 있다.

노꼬메오름 유래

　큰 노꼬메오름은 작은 오름과 함께 정답게 어우러져 일명 형제 오름이라고 일컫는데 이웃마을에서는 녹고(구)뫼오름이라고도 불린다. 두 오름 중 위가 뾰쪽하게 도드라진 오름이 큰 오름이고, 그 옆에 경사가 낮은 것이 작은오름이다. 분화구는 '제비집텅'이라고 불리며, 큰오름과 작은오름 사이에 푹 들어간 곳을 '죽은 골홈'이라고 하는데, 그 유래는 1374년 최영장군에 의하여 목호반란군 토벌 시 쫓기던 목호군 한 무리가 이곳까지 오르면서 저항하다가 격살당하니, '예죽은 골홈' 또는 '여이죽은 골홈'이라고 전해오는데, '녹고'가 무슨 뜻인지 어원은 알 수 없으나, 한자표기가 녹고악으로 표기되어 있는 것으로 보아 옛날 사슴이 내려와 이 오름에 살았었다는 데 연유한 것이 아닌가 추측하고 있다. 유래는 다음과 같이 안내되어 있다.

「녹고메오름은 족은노꼬메오름과 큰노꼬메오름으로 이루어 져 있으며 일찍이 놉고메로 부르다가 시간이 흐르면서 노꼬메라고도 불러온다. 뾰족하게 도드라진 오름이 큰노꼬메오름이고 경사가 낮은 것이 족은노꼬메오름이다.」

안오름(鞍岳) 유래

　애월읍 고성리 산 1146번지에 안오름이 있다. 이 오름은 항파두리성 안에 위치해 있다고 하여 안오름 또는 안악이라 부른다. 이 오름을 경계로 토성은 안(서)과 밖(동)으로 연결되어있다. 안오름 정상에 서면 파군봉, 도두봉, 비양도 까지 조망할 수 있어 망대가 있었던 곳임을 알 수 있다. 이에 따른 안오름 전설은 다음과 같다.

「김통정 장군은 항파두리에 도착하여 본영지를 개설, 외성을 쌓기 위하여 성 위치를 답사, 측량하고 있었다. 그래서 안오름 정상을 올라본 것이다. 북쪽은 훤히 트이고 남쪽 기슭은 푹 파이었으며 물이 고여 있었다. 북쪽은 안오름으로 자연적으로 제방이 되어 있었다. 김통정 장군는 축성 책임자를 불러 이곳 흙을 파서 토성 쌓는데 사용하고 흙을 판 후에는 물을 저장하여 유람선을 띄우고 여러 가지 물고기를 방사하라고 지시하였다. 그래서 이곳은 못이 되었고 주위에는 자당화를 심고 조선공으로 하여금 유람선을 건조시켜 공무에 시달리다 틈이 있으면 이곳에 와서 유람선을 타고 망중한(忙中閑)을 보내도록 하였다. 그러던 어느 날 김통정 장군은 말했다. "우리 이렇게 술만 마실 것이 아니라, 시라도 읊어야 할 게 아닌가?" 이때 시랑(侍郎) 한 사람이 "네, 그러면 대장군님부터 읊어야 하지 않겠습니까?" "허어, 이 사람, 나야 어디 글을 했는가, 싸우는 무술밖에 알지 못하는 걸?" 이렇게 술기운은 올라오고 있지만 시를 읊는 사람은 없었다. "우리 삼별초 군사 중에 문인이 없다니." 김통정 장군은 한탄하였다. 이때 김통정 부인이 이 적막한 분위기를 전환시키기 위하여 시를 읊었다.」

「北天暗雲 南向進行/ 國運衰弱 風前燈火/ 救國峯火 三別抄軍/蹶起義

擧 江都都邑/ 衆寡不敵 江都島別/ 珍島遷都 抗蒙巨波/ 蒙傀諜者 傀賴徒黨/ 珍島聖都 火海人殺/ 天指耽羅 缸城明月/ 哀願松都 期必解放(북쪽 하늘에 일기 시작한 검은 구름은 남쪽 하늘을 향하여 덮여오는데/ 국운은 쇠약해져 풍전등화 같도다/ 나라를 지키기 위한 삼별초군의 봉화불은/ 분연히 일어나서 강화도에 도읍을 정하였지만/ 인원과 장비가 부족한 삼별초군은 강화도를 버리고 진도로 옮겨와서 항몽의 거센 파도를 일궜네/ 몽고의 앞잡이와 개성의 괴뢰도당들은/ 진도의 성스러운 우리의 도읍을 불바다로 만들고 우리의 백성을 마구 죽였으니/ 하느님께서는 탐라의 땅을 우리에게 주었고/ 이 항파두성에 달은 한없이 밝은데 서울을 기다리는 우리 마음은/ 꼭 서울을 찾고 이 땅에 해방을 이룩할 것이다.」

「이에 김통정 장군은 "나는 이 고려 강토에서 몽고 오랑캐를 쳐부수고 자주의 고려왕국을 부흥시켜야겠어. 하루라도 빨리. 자! 건배합시다." 그러자 옆에 있던 부하 장병들이 일제히 결사 항전을 다짐했다한다.」

극락오름 유래

애월읍 고성리 산 3번지에 극락오름이 있다. 이 오름 정상에는 무술연마장(삼별초군이 망대로 삼고 병사들이 무술을 익히던 장소)이 있었던 곳이기에 극락오름이라 전해온다.

장사 홍맹룡

애월읍 고성리에 홍맹룡이라는 장사가 살았다.

힘이 세어 홍맹룡은 물론 그 아들까지 장사라 홍맹룡 부자 장사라고 이름이 났었다.

옛날 제주도에서는 산이나 들에 사는 사람보다 바닷가 근처에 사는 사람이 경제적으로 부유했었다.

고성리도 산간이라서 '보제기'라 불리는 해변 사람들은 고성리 사람들을 '마망제기'라고 놀려대기 일쑤였다. '마망제기'란 나무껍질이나 벗겨먹을 정도로 가난한 사람들이라는 뜻이었다.

하루는 고성리 사람이 바닷가에 가서 고동이나 소라 같은 것을 잡고 있었는데 해변인 동귀리 사람들이 몰려와,

"마망제기 왔다!"

라고 손가락질하며 놀려대었다.

고성리 사람이 계속 소라를 잡다 그들은,

"마망제기가 왜 바다에 왔나?"

하며 소라 잡는 일을 하지 못할 정도로 괴롭히기 시작했다.

고성리 사람은 할 수 없이 집으로 돌아가지 않을 수 없었다.

이 소식을 전해들은 홍맹룡은 바로 그날 밤 혼자 해변으로 내려가 고기잡이배로 쓰는 테우들을 모두 져다가 판군봉까지 가서 던져버렸다. 테우 한 척은 열 사람이 들어도 들기 힘든 나무배인데 그걸 모두 혼자서 옮길 정도로 홍맹룡은 장사였던 것이다.

최동이 장사

최동이는 애월읍 고성리 양 댁의 종이었다.

최동이는 워낙 힘이 세서 장사라 불렸는데, 배도 엄청나게 커서 백 명분의 밥을 할 수 있는 두말 뜨기 솥으로 한꺼번에 밥을 지어먹고 한 닷새는 먹지 않고 지낼 정도였다.

하루는 양 댁 주인이 집을 짓게 되었다.

당시 제주 풍속은 마을의 누가 집을 짓게 되면 마을 사람 모두가 나서서 흙과 보릿짚 모아주기, 집터 다지기, 나무 해 오기 등을 도와주었다.

양 댁의 집짓기를 돕기 위해 고성리 사람 모두가 나서서 우선 흙질부터 했다. 흙질이란 집터를 다지는 일인데 보릿짚을 놓고 사람들이 마구 밟는 것이다.

그렇게 이틀이면 집터는 단단히 만들어진다.

이젠 나무를 해 와야 할 차례였다. 당시는 누가 집을 지으려 하면 집집마다 산에 가 나무를 해서 쇠길 마로 한 번씩 실어다 주곤 했는데, 양 댁 종인 최동이가 웬일인지 나무 베러 가지 않으려 했다.

양 댁 주인이 걱정이 돼서 물었다.

"우리 집을 짓는데 너는 나무 하러 가지 않으려 하니 어쩐 일이냐?"

"까짓 나무 하는데 동네 사람들 모두가 갈 필요가 있습니까? 나 혼자 산에 가서 해 오겠습니다."

"너 혼자 해 올 수 있단 말이냐?"

"걱정 말고 그저 밥이나 실컷 먹여 주십시오."

최동이가 장담을 하니 양 댁 주인은 어쩔 수 없이 먹을 밥을 두말 뜨기 솥으로 푸짐하게 차려 주었다.

최동이는 그 밥을 잘 먹고 산에 올라 이틀 밤낮을 살았다.

그리고는 집 한 채를 지을 나무를 해서 너덩줄로 잘 묶고는 한 집으로 지고 내려왔다고 한다.

다른 이야기도 전해온다.

「동네 사람이 곡식을 찧을 남방아가 필요해서 최동이 장사한테 부탁을 하게 되었다. 남방아는 산에 가서 아름드리 느티나무를 잘 골라 만들어야 하는 것이다. "우리 남방에나 하나 해다 줘." "글쎄요, 남방에 하나 해 오긴 어렵지 않지만 난 뭘 하려면 배가 좀 차야하는데……." "그렇게 하지. 최서방은 뭘 잘 먹나?" "메밀수제비나 한 솥 삶으면 되지요." "술은 어떡하고?" "술이야 주시는 대로 잡숩지요." 동네 사람은 메밀수제비를 한 솥 삶고 막걸리를 동이째 마련해 놓았다. "이걸 먹고 가서 남방에 하나 해다 주게." 최동이는 수제비 한 솥을 마파람에 게 눈 감추듯이 먹고 막걸리를 동이째 들어 벌컥벌컥 마신 다음 산으로 갔다. 한 이틀이 지나서 동네 사람이 '남방에를 해 올 만한데 어찌 아니 오는고?' 최동이를 기다리는데, 최동이는 산에 가서 실컷 놀다가 느티나무 남방아를 크게 하나 만들어 모자 쓰듯 머리에 쓰고 내려왔다. 최동이 장사는 동네 사람네 집으로 들어가서 남방에를 벗어 마당에 텅 놓았다. "자, 여기 남방에 해 왔소. 이거 일으켜 보십시오." 남방아를 해 오라고 한 동네 사람은 아무리 해도 일으켜 세울 수가 없었다. 동네 사람들 여럿이 와서 남방아를 일으켜 세우려 해도 마찬가지였다. 보다 못한 최동이가 "내가 일으켜 세울 테니 보시오." 하고는 발을 쓱 내밀어 일으키니 남방아가 번쩍 들리는 것이었다.」

최동이는 그렇게 힘이 센 장사였다.

김통정

일설에 의하면 김통정 장군의 어머니는 중국 조정승의 딸이라 한다. 처녀 때에 별초당에서 공부하다가 그 자리에서 자곤 했는데, 밤에 어떤 남자가 출입하여 임신을 했다. 남자의 몸에 실을 묶어 지렁이가 남자로 변하여 찾아오는 것을 알았다.

김통정은 한 번 침실에 들면 한 달 동안은 식음을 전폐하고 잠을 잤다. 어느 날, 김통정의 머슴이 꿈을 꾸었는데, 어떤 백발노인이 나타나 장군을 잠자지 못하게 하라는 것이었다. 머슴은 이 꿈 이야기를 잠자는 김통정 장군에게 말하려 가니, 평소 오만한 기질이 있는 머슴이라, 장군은 말을 들어보지도 않고 내쫓아 버렸다. 이것이 원한이 되어 김방경 장군에게 김통정을 죽이는 방법을 가르쳐 주었다 한다.

아기업개(아기업저지)의 도움으로 김통정 장군을 죽인 김방경 장군은 그 공을 갚으려고 아기업개를 찾아갔다. 아기업개는 임신해 있었고, 그 아이가 김통정 장군의 아이임을 알게 되었다. 그래서 아기업개를 죽이고 배를 갈라 보니 비늘이 달리고 날개가 돋은 아이가 한참 파닥파닥 뛰더라 한다.

김통정 장군이 활을 쏜 자국이 고성리엔 지금도 남아 있다. 거기에는 화살도 박혀 있었는데, 약 20년 전에 누가 그 화살을 빼어 가 버렸다고 하더라.

아기업개 말도 들으라(속담 유래)

고려 때의 일이다. 한 과부가 살고 있었는데 날이 갈수록 허리가 점점 커 갔다. 동네 사람들은 그것을 눈치 채고, 남편도 없는 사람이 저럴 수 있느냐고 수근거렸다. 과부는 사실을 털어 놓지 않으면 안 되겠다고 생각했다. 그래서 '매일 저녁 문을 꼭꼭 잠그고 자노라면 어디로 들어오는지 어떤 남자가 들어와서 같이 잠을 자고 간다.'는 말을 하였다. 동네 사람들은 다음 그 남자가 찾아왔을 때 실로 그 몸을 묶어 두면 알 도리가 있을 것이라고 가르쳐 주었다. 과부는 실을 미리 준비해 두었다. 이튿날 저녁에도 그 남자는 여전히 찾아 들어 잠을 잤다. 과부는 나가는 남자의 허리에 몰래 실을 묶어 놓았다. 날이 새어 보니 실은 창문 구멍을 통하여 밖으로 나가 노둣돌(下

馬石) 밑으로 들어가 있었다. 과부가 노둣돌을 들어 보니 큰 지렁이가 한 마리 있는데, 실이 그 지렁이 허리에 감겨져 있는 것이었다. 이로써 이 지렁이가 밤에 와서 잠자리를 같이 하고 있다는 사실을 알 수 있었다. 과부는 지렁이를 보니 우선 징그러운 생각부터 들었다. 오늘 밤도 이 징그러운 지렁이가 다시 찾아오면 어찌하나 생각하고 지렁이를 죽여 버렸다.

그로부터 허리가 점점 커져서 과부는 옥동자를 하나 낳았다. 아이는 온몸에 비늘이 돋쳐 있었고, 겨드랑이에는 자그마한 날개가 돋아나고 있었다. 과부는 이런 사실을 일체 숨기고 아이를 길렀다. 동네 사람들은 이 아이를 지렁이와 정을 통하여 낳았다 하여 '지렁이 진'자 성(姓)을 붙이고 "진통정"이라 불렀다(혹은 지렁이의 '질' 음을 따서 '질통정'이라 불렀다고도 한다). 이 아이가 바로 김통정인데, 성이 김 씨로 된 것은 김 씨 가문에서 '진'과 짐(金)이 비슷하다 해서 자기네 김 씨로 바꿔 놓았기 때문이다. 김통정은 자라면서 활을 잘 쏘고 하늘을 날며 도술)을 부렸다. 그래서 삼별초의 우두머리가 되었다.

김통정은 삼별초가 궁지에 몰려가자, 진도를 거쳐 제주도로 들어왔는데, 먼저 군항이(동귀리)로 상륙하였다. 군이 입항했다 해서 '군항이'란 이름이 붙은 것이다. 김통정은 군항이에서 군사상 적지를 찾아 산 쪽으로 올라가다가, 항파두리(고성리)를 발견하고 여기에 토성을 쌓았다. 흙으로 내외성을 두르고 안에 궁궐을 지어 스스로 '해상왕국'이라 한 것이다.

김통정 장군은 백성들에게 세금을 받되 돈이나 쌀을 받지 아니하고, 반드시 재 닷 되와 빗자루 하나씩을 받아들였다. 그래서 이 재와 빗자루를 비축해 두었다가 토성 위를 뺑 돌아가며 재를 뿌렸다. 김통정은 의적이 수평선 쪽으로 보이기 시작하면, 말 꼬리에 빗자루를 달아매어 채찍을 놓고 성 위를 돌았다. 그러면 안개가 보얗게 끼어 올라, 적은 방향을 잡지 못하고 그대로 돌아가곤 했었다.

어느 해 김방경(金方慶) 장군이 거느리는 고려군이 김통정을 잡으러 왔다. 이에 김통정 장군은 말꼬리에 빗자루를 달아매어 연막(煙幕)을 올려 보았으나 김방경 장군도 도술이 능해 놓으니 전세는 위태로웠다. 김통정 장군은 사태가 위급해지자 황급히 사람들을 성 안으로 들여 놓고 성의 철문을 잠갔다. 이때 너무 급히 서두는 바람에 아기업개(아기 업저지) 한 사람을 그만 들여 놓지 못하였다. 이것이 실수였다. 김방경 장군은 토성에까지 진격해 와서 입성을 기도하였다. 그러나 토성이 너무 높고 철문이 잠겨 있어 들어갈 도리가 없었다. 어쩔 수 없이 성 주위를 뱅뱅 돌고만 있었다. 이때 아기업개가 장군의 하는 꼴이 하도 우스워 보여서 물었다. "어떠하여 장군님은 성만 뱅뱅 돌암수까?" "성안으로 들어갈 수가 없어 궁리하는 중이다." "원 장군님도……. 저 쇠문 아래 불미를 걸어놓앙 두 일뤠 열나흘만 부꺼 봅서. 어떵 되느니?" 아기업개 말에 무릎을 치고 김방경 장군은 곧 풀무를 걸어놓아 불기 시작했다. 열나흘이 되어 가니 철문이 벌겋게 달아올라 녹아 무너졌다. 이래서 '아기업개 말도 들으라'는 속담이 생겨난 것이다.

횃부리 또는 횃자국물 유래

성문이 무너지고 김방경 장군의 군사가 몰려들자, 김통정 장군은 깔고 앉은 쇠방석을 바다 위로 내던졌다.

쇠방석은 수평선 위에 떴다. 김통정 장군은 곧 날개를 벌려 쇠방석 위로 날아가 앉아 버렸다. 그러니 김방경 장군은 어쩔 도리가 없었다.

다시 아기업개에게 묘책을 의논했다.

아기업개는 장수 하나는 새로 변하고 또 한 장수는 모기(또는 파리)로 변하면 잡을 수 있으리라 했다.

김방경 장군 군사들은 곧 새와 모기로 변해서 쇠방석 위의 김통정 장군의 뒤를 쫓아왔다.

새는 김통정 장군의 투구 위에 와 앉고, 모기는 얼굴 주위를 돌며 앵앵거렸다.

김통정 장군은 고개를 들어 새를 보려 했다. 머리가 뒤쪽으로 젖혀지자 목의 비늘이 거슬리어 틈새가 생긴 것이다. 이 순간 모기로 변했던 장수가 칼을 빼어 김통정 장군의 목을 비늘 틈새로 내리치고 재를 뿌렸다.

비늘이 온몸에 쫙 깔려 칼로 찔러도 들어가지 않던 김통정 장군의 모가지가 끝내는 떨어지고, 재를 뿌려 놓으니 두 번 다시 모가지가 붙지 못한 것이다.

이때 김통정 장군은 죽어 가면서 "내 백성일랑 물이나 먹고 살아라."하며 홰를 신은 발로 바위를 꽝 찍었다.

바위에 홰 발자국이 움푹 파이고 거기에서 금방 샘물이 솟아 흘렀다. 이 샘물이 지금도 있는데 '홰ㅅ부리' 또는 '홰자국물'이라 전해온다.

'홰'는 옛날 장군이나 귀족이 신는 신발이었으니 '장수물', '장수 발자국'과 같은 뜻이다.

대궐터

지금 항몽순의비가 있는 경내를 대궐터라고 불렀다. 이곳은 삼별초군의 본영으로 김통정을 비롯한 장군들이 살았던 대궐이 있었던 곳이다. 순의비 건립 이전만 해도 주춧돌이 남아 있었으며 기와가 밭에 산재해 있었다. 일제 강점기에 문화재가 될만한 것은 일본 사람들이 주워 갔다고 한다.

성(城)동산

항파두리 북쪽 진입로에서 남쪽으로 뻗은 동산이다. 동산위에 성이 있다 하여 성동산이라 한다. 이 성은 계곡과 능선을 이용하여 15리(6㎞)에 달하는 둥그런 모양을 이루고 있는데 전설에 의하면 성위에 재(炭)를 깔아 두었다가 적군이 공격해 오면 말꼬리에 빗자루를 매달아 성위를 달리게 했다. 그러면 재가 안개처럼 자욱하게 흩날려 여몽연합군은 사방을 분간할 수 없어 공격을 포기하고 돌아가곤 했다는 이야기가 전하여 온다.

당커리

검생이왓 위쪽에 당이 있어 그런 이름이 생긴 듯하다. 고성에는 김통정 신이 무서워 할망당이 없었다. 그래서 고성리 처녀들은 어디로 시집가나 당을 믿지 않았다한다.

살 맞은 돌

극락봉 북쪽에 잇는 자연 입석인데 여기 화살이 박혀 있어 '살 맞은 돌'이라한다. 이 곳은 삼별초군이 무술을 익히던 곳이다. 이 입석을 과녁으로 하여 활을 쏘았다. 쏘고 또 쏘고……. 과녁은 깊게 패였을 것이다. 1950년대만 해도 이 과녁에 살촉이 꽂혀 있는 것을 볼 수 있었으나 지금은 누군가가 빼어가 버려 과녁만 남아 비바람에 마멸되고 있다. 극락봉은 병사들의 훈련코스이며 망대로 사용했던 곳이다. 이제 절은 고성리 서쪽 서벵디 토성밑 분지로 옮겨졌고, 극락봉과 '살 맞은 돌'만 남아 옛날의 역사를 증언하고 있다.

선돌왓

장군모를 너머 동쪽 길옆에 선돌이 있어 이 근처를 선돌왓이라 한
다. 이 선돌은 부락을 지켜 준다고 믿어 신성시 하였다. 김통정 장
군의 아내가 아기를 밴 채 남편의 칼에 쓰러져 그녀의 혼이 이 돌에
엉키어 돌이 아기를 배었다 하여 일명 '아기 밴 돌'이라고도 한다.

진수못(金須못)

항파두리성 남쪽으로 6㎞ 지점, 산심봉 동북쪽에 있는 못(池)으로
삼별초가 금수를 정벌하고 여기다 못을 파버려 호수처럼 물이 고였
다. 고려 조정에서는 금수와 고여임 장군에게 구사 1,200여 명을
주어 삼별초의 제주 상륙을 저지하도록 명하였다. 이들은 1270년
9월에 제주에 들어와서 바닷가 300여 리에 환해장성을 쌓고 삼별초
와 맞서 싸웠으나 패하여 금수는 이 전투에서 전사하였다. 그래서
작전 본부였던 이곳에 못을 파 버린 것으로 전해지고 있다. 현재 산
심봉 기슭(진수못 곁)에 금수 장군의 묘가 남아있다.

산시미 오름(산심봉, 삼심봉)

진수못 서남쪽에 자리 잡은 해발 650m의 산인데 산의 모양이 마음 심과 비슷하여 삼심봉 또는 산심봉이라 한다.

보로미(望月)

보름달과 같은 모양의 지형이라서 이런 이름으로 불렸고 이 근처 농토를 통칭한다. 여기 있는 산도 보로미 동산이다. 이 역시 풍수지리설에 의한 지형의 관찰에서 붙여진 이름이다.

효자 고찬원(高贊元)

산으로 둘러싸인 위수분지 항파두리 동동네 진군모롤 기슭에 고찬원이 살았다.

고찬원은 일찍이 아버지를 여의고, 눈 먼 어머니를 모시고 살았는데 집은 가난하여 살기에 곤란을 느끼면서도 항상 입에 맞는 음식, 훈훈한 효성으로 홀어머니를 봉양하였다.

그가 나이가 들어 정병으로 당번을 서야 할 때는 어머니를 업고 제주성안을 왕복하면서도 극진히 잘 모시어 모관 사람들은 하늘이

낸 효자라고 칭찬이 자자하였다.

그의 어머니는 눈이 먼 것이 한이 되어,

"애야, 명월의 월계 진좌수라는 명의가 신통하다는데 진찰이나 한번 받아 보았으면……."

하고 입버릇처럼 말하였다.

이에 아들은 어머니 말씀을 명심하여 푼푼이 여비를 마련하여 어머니를 업고 진좌수를 찾아 명월로 향하였다.

그냥 업으면 체온에 어머님이 더워하실까 봐 송동구덕(대바구니)에 모셔 업고 갔다.

젊었을 때 심한 안질로 봉사가 된 어머니는 완치가 불가능하리라 생각했지만 아들 된 도리로서 소원이나 풀어드리려는 마음에서 였다.

아침 일찍 출발했건만 명월에 도착한 것은 진시가 지날 무렵이었다.

많은 사람들 틈에 끼어 차례를 기다리다 두어 시간 후에야 겨우 진 의원을 뵈올 수가 있었다.

진상을 묻고 맥을 짚어 보곤 거침없이

"자네 모친은 인두골(人頭骨)에 쌍룡수(雙龍水)를 구해 먹여야 하겠는걸."

하는 것이었다.

고찬원은 인사를 한 후 어머니를 업고 진 좌수 집을 걸어 나오면서 그를 사로잡은 것은 그 처방이었다.

'인두골은 무엇이며 쌍룡 수는 도대체 어뻗게 구하란 말인가?'

한 두어 시간 걸었을까 어머니는 물을 마시고 싶다고 하였다. 그는 길옆 그늘에 어머니를 잠시 부려두고 개울로 가서 물을 찾았으나 심한 가뭄이라 물이 있을 리가 없었다.

실망하여 그냥 들어서려다 실거리 나무 아래 두개골에 그것도 지렁이 두 마리가 떠 있는 물이 있었다.

"옳지, 바로 저것이로구나."

그는 눈이 번쩍 빛나고 뛸 듯이 기뻤다.

"어머니! 바가지에 샘물을 떠왔수다."

"오냐."

어머니는 꿀꺽꿀꺽 물을 마시고는

"어찌 물맛이 이상한 듯하면서도 잘 넘어가는구나. 그저 물이란 술술 잘 넘어가는 것이니까. 그냥 멘주기까지 몽땅 먹어지는 건 아닌지 모르켜."

"아니우다게."

대답은 그리 하면서도 마음은 어떤 기대감에 벅차 있었다.

"자 너도 조금 마셔라."

"아니우다. 저는 거기서 많이 먹엇수다. 걱정 마시고 마저 잡수십시오."

어머니는 그 물을 다 마셨다.

사실 목은 바싹바싹 타고 땀은 흥건하나 마음은 한결 가쁜 하고 발걸음도 가벼웠다.

집에 온 후 일주일 만에 어머니는 광명한 천지에 그립던 아들의 얼굴과 아름다운 이 세상 빛을 다시 찾게 되었다. 그 물이 인두골에 쌍룡 수였던 것이다.

이러한 사실이 사람의 입을 통해 널리 알려져 마침내 제주 목사는 항파두리로 찾아 말로만 듣던 효자를 만나게 되었다.

어느 여름날 저녁이었다.

그는 평상에서 어머니를 무릎에 안고 있다가 목사 일행을 맞았다.

이렇게 먼 길을, 그것도 목사가 누추한 곳을 방문한 것에 너무 황송하여 어머니를 내려놓고 너부죽이 엎드려 예를 올렸다.

목사는 빙긋이 웃으며 몸을 일으켜 어깨를 토닥여 주며

"참으로 효자는 효자로다. 그러나 그대는 인효는 될지언정 천효는 아니로다."

고찬원은 어머니를 안은 채로 목사 일행을 맞이해야 했을 것을 너무 경황이 없고 또한 겸손한 성미라 마음의 평정을 잃어버린 것이다.

이어 목사는 둘러선 항파두리 사람들을 향하여

"요즈음 보기 드문 효자임을 확인했으니 조정에 알려 항파두리 효자 고찬원 대문에 효자문을 세울 터인즉 이 높은 뜻을 본받아 나라에 충성하고 부모에 효도하도록 하여라."

목사 일행은 말발굽 소리를 내며 왔던 길을 되돌아갔다.

그 후 숙종 때 지은 효자문이 극락오름 동남쪽(지금 평화로? 옆)에 있었다 하나 지금은 망실되었다.

김통정 장군

　김통정 장군은 온 몸에 비늘이 있었다. 그래서 어떠한 칼도, 창도, 화살도 김통정 장군의 몸에 꽂히지 못하였다. 그리고 김통정 장군은 힘에 세어 어떤 암석 위에서라도 발에 힘(기합술)을 넣으면 발 밟은 자리에 발자국이 패였다.

　김통장 장군은 항파두리성도 도술로 힘을 안들이여 쌓은 것이다.

　여몽연합군이 내성을 점령하자 김통정 장군은 깔고 앉아있던 쇠방석을 북쪽에 있는 관탈섬으로 던지고 자신은 새가 되어 관탈섬에 날아갔다. 김방경 장군은 이런 김통정 장군을 잡는다는 게 어이가 없었다.

　김통정 장군이 분명 내성 안에 있을 것으로 알고 있었는데 간 곳이 없었다. 김방경 장군이 부하에게 대궐 안을 샅샅이 뒤져 김통정 장군을 찾으라고 하였다.

　이때 옆에 있던 부하들이 서로 다투었다.

　"김통정은 도술을 부린다고 한다. 벌써 무슨 도술로써 우리 눈을 가리고 있다."

　"김통정이가 아무리 도술을 부린다 하여도 내 앞에서는 맥 못 춰!"

　"이놈 봐라. 그래 그 성위에 재 뿌리고 일으킨 안개에 속았나?"

　"아니지, 그놈의 도술에 도원수가 속았지."

　이때였다.

　김방경 머리위에 웬 새가 날아 다녔다. 그것은 새로 변한 김통정 장군이 내성 안에 있는 부하들에게 빨리 피하라고 내리는 신호인 것이다.

"옳지! 이놈이 새가 되어 날고 있구나. 나도 도술을 부려야지."

김방경은 중얼거렸다.

"나도 모기가 되어 이놈을 쏘아 죽여야지."

모기로 변한 김방경은 김통정 장군을 쫓아 날아갔는데 바다 상공에 이르니 불어오는 바다의 북풍의 힘에 밀려 날 수가 없다.

"모기로 변한 것이 잘못이다. 나는 독수리로 변하여야겠다."

그러면서 독수리로 변하여 날았는데 김통정 장군이 관탈섬에 가서 앉자 독수리로 변한 김방경은 김통정 장군이 앉은 위를 몇 번 돌고는 북쪽으로 날아가는 것이다.

김통정 장군은 독수리가 적병인 줄 알았는데 자기와 싸울 생각은 않고 북쪽으로 날아가는 것을 보고 적장이 아니로구나 하고 안심하여 몸이 피곤한 김에 그만 잠이 들고 말았다.

한참 잠이 들었는데 파리 모기떼가 와서 머리와 목에 앉아 귀찮게 군다.

김통정 장군은

"이놈의 모기떼야."

하며 무의식중에 고개를 쳐들고 손을 머리로 가져가는 사이 목 비늘이 위로 올라가는 찰나 독수리로 변했던 김방경이 다시 모기로 변하여 김통정 장군의 목을 친 것이다.

순식간에 목은 떨어지고 김방경은 갖고 있던 재를 김통정의 떨어진 목에 뿌려 또 다시 목이 붙지 못하게 함으로써 김통정 장군은 영원히 죽고 말았다한다. 김통정 장군에 대한 약간 다른 내용의 전설은 다음과 같다.

「김통정 장군 어머니는 과부로 살았다. 그런데 밤에 잠자리에 들어 꿈을 꾸면 '지렁이'가 자꾸 와서 김통정의 어머니를 희롱하다 가곤 하였다. 과부는 보기 싫은 지렁이가 나타나는 것이 싫었고 꿈도 이상하였다. 그런데 이상하게도 그의 배가 나날이 불어갔다. 동네 사람들은 수군거렸다. 과부가 웬 남자와 놀아나 아기를 배었다는 이 소문은 온 동네에 퍼졌다. 남의 말 좋아하는 동네 사람들이었다. 이렇게 되고 보니 난처한 것은 김통정의 어머니였다. 자신은 결백한데 배는 자꾸 불러가고 동네 사람들은 과부가 아기를 배었다고 웃고 도저히 이 동네에서 살 수가 없었다. 할 수 없이 동네 촌장을 찾아갔다. 촌장도 이 소식을 듣고 의심하던 차였다. 그렇게 착한 부인이 외간 남자를 불러들일 리는 없다고 촌장역시 의아하게 생각하던 차였던 것이다. 김통정 어머니가 자초지종을 촌장 어른께 말씀 올리니 촌장께서는 "그러면 좋은 수가 있네. 오늘 저녁에는 그놈의 지렁이가 오거든 실을 준비하였다가 몸에 묶어 두게. 그러고 나서 다음날 실을 흘린 곳을 찾으면 그놈을 찾을 수가 있으니." 그날 저녁 김통정의 어머니는 촌장 말씀대로 하였다. 그래서 뒷날 아침 일찍 실을 따라 가봤는데 실이 남의 집 울타리 밑으로 들어가 있어 그곳을 파보니 큰 지렁이가 몸에 실을 묶은 채 있지 않은가? 바로 이 지렁이로구나 하고 생각하면서 그 자리에서 그냥 죽여 버리려고 하였으나 한편 생각하니 죽일 수도 없었다. 그리고 얼마 후에 아기를 낳았는데 그 아기가 바로 김통정인 것이다. 통정은 다른 아이보다 빨리 자랐으며 매우 건강하고 영리하였다. 아버지 없는 통정을 키우는 어머니로서는 힘겨웠으나 그 자식이 자라갈수록 영리하고 행동하는 것이 다른 아이와 다른 점이 많고 동네에서는 골목대장으로 동네 개구쟁이들을 모아놓고 곧잘 병정놀이도 하는 것이다. 그런데 성(姓)이 없어 통정이라고만 부르니 다른 아이들이 조롱하였다. 하루는 통정이 어머니에게, "어머니 왜 나는 성은 없이 통정이라고만 불러?"하고 물었다. "왜 성이 없니. 성은 커서 어른이 되면 다 붙이게 돼." "아니야, 다른 아이들이 나는 성도 없고 아버지도 없는 아이라고 조롱하는데 우리 아버지는 누구야? 어디 갔어?" 하고 자꾸 캐묻는다. 말문이 막힌 어머니는 변명할 말이 없었다. "너의 아버지는 말이야 큰 장군이 되어 지금 대국에 가계시다." "그 곳에서 뭣하고 있지?" "군대 대장이 되어 싸우고 있지." "야 신난다. 우리 아버지가 진짜 대장이야?" "그럼, 내가 언제 거짓말 하였어?" "그렇지만 아이들은 아버지가 없다고 조롱하는데 오늘부터는 아이들한테 자랑해야지." "안 돼 자랑하면 못써." "왜 아버지를 자랑하면 못 쓰는 거야?" 어머니는 이렇게 아들이 자라는데 성을 지어주어야 하겠다고 부락 촌장어른께 찾아가 의논하였다. 촌장은 '지렁이' 자식이니 지렁이 '진'자로 성을 지어 주었다. 그 후부터는 '진통정'이라 불렀다. 그런데 진통정이가 성장할수록 자기 아버지와 성에 대하여 의심을 품게 되었다. "어머님, 바른대로 말씀하여 주십시오." "뭐, 내가 속이는 게 있느냐?" "어머님께서는 나를 분명히 속이고 계십니다. 소자 어머님께 불효인 줄 알면서도 묻고 있지 않습니까?" "그래 바른대로 말하마. 너도 이제는 나이가 찼으니 너의 성이나 조상에 대하여 알아야 할 것인즉 말하마. 그러나 이 말은 너만 알고 있어야지 남에게 전하여서는 안 되느니라." "어머님 이젠 소자도 어린 아이가 아닙니다. 나이 12살이면 장가도 들어야 하지 않겠습니까?" "옳다. 불쌍한 아비 없는 통정아." "어머님 그게 무슨 말씀입니까? 소자에게 아버지가 없다니. 이 제가지 하신 말씀은 거짓말이었군요." 무의식중에 뱉은 말 때문에 그만 자세한 말을 않을 수 없게 되었다. 어머니는 과거에 있었던 일을 다 통정에게 말하고 말았다. 통정은 어머님 말씀이 끝나기도 전에 어머니가 말한 울타리 밑을 파서 그곳에 있는 '지렁이'를 발로 밟아 죽여 버렸다. 어머니는 놀랐으나 이젠 다 크다시피 한 통정이를 저지할 수 없었다. 통정은 그 후 지렁이 자식이란 것을 몹시 못마땅하게 여겨 좌절과 절망에서 식음을 전폐하고 자리에 눕게 되었으나 어머니의 간곡한 타이름으로 일어나 정신을 차리고 자기 성 진 씨를 떼어버리고 김씨 성을 붙여 그 후부터 '김통정'이라 하고 열심히 무술을 연마하였고 이 후부터는 늙어가는 어머니를 극진히 모시면서 후에 과거시험 무과(武科)에 합격, 고려장수가 되었다.」

또 다른 김통정 장군 이야기는 다음과 같다.

「때는 고려 말이었다. 어느 마을에 홀어머니가 살고 있었다. 집안이 가난하여 낮에는 남의 밭일을 해주고 밤에는 삯바느질을 하며 겨우겨우 목숨을 연명하는 있는 불쌍한 사람이었다. 남편은 일찍 죽고 아기는 없었다. 한번 맡은 일은 정성을 다해 자기 일처럼 잘하기에 동네사람들이 모두 칭찬을 하였다. 그런데 홀어머니에게 이상한 일이 벌어졌다. "알다가 모를 일이여. 그렇게 착한 과부댁이 외간 남자를 가까이 했다는 게……." "그러게 말일세." 동네사람들이 수군거렸다. 남편이 없는데 아기를 가졌다는 소문은 금방 이웃마을까지 퍼졌다. '이 일을 어쩌나. 맹세코 남자를 가까이 한 일이 없는데…….' 아무리 변명을 해도 소용없는 노릇이었다. 귀신이 곡할 일이 아니면 어떻게 아기가 뱃속에서 자랄 수 있겠습니까? 그런데 정말 귀신이 곡할 노릇이었다. 홀어머니는 그게 꿈이려니 생각하고 있었다. 아무리 정신을 차려 일어나려 해도 헛손질만 할 뿐 꼼짝없이 어떤 남자와 밤을 지새우니 아기를 밸 수밖에 없었다. "딱한 일일세……." "그러게 말이다. 귀신에 홀려도 보통 홀린 게 아니지 원……." "참, 그렇게 해 보게나." "예? 어떻게요?" 홀어머니는 생각하다 동네에서 제일 나이가 많은 노인에게 사실을 말씀드리고 도움을 청했다. "오늘 밤 어떤 남자가 들어오거든 그 사람의 발에 묶어 두게나." 홀어머니는 노인의 말에 따라 그날 밤 잠자는 어떤 남자의 발목에 실을 묶어 두었다. 이튿날 실을 따라 가보니 커다란 돌멩이 밑으로 실이 들어가 있었다. 그 돌멩이를 들춰본 홀어머니는 소름이 끼쳤습니다. 거기엔 지렁이 한 마리가 실에 묶여 있었다. 그 지렁이와 매일 밤 같이 잠자리를 했던 것이다. 날이 갈수록 홀어머니의 배는 불러 오고 열 달이 되어 아기를 낳았다. "허허, 이런 괴상할 데가……." 아들을 낳았는데 온몸이 비늘로 덮여 있고 겨드랑이에는 날개가 돋아 있었다. "이런 아기를 낳으면 3대가 멸한다네. 난 못 본 걸로 할 테니 조심하게." 동네사람이 일러 준대로 이런 사실을 숨기고 아기를 키웠다. 아기는 커가며 괴상한 짓을 했다. 힘이 어마어마하게 세고 아무 것도 가르쳐 주지 않았는데 스스로 학문을 깨우치고 밤에는 하늘을 날고…. 바로 이 아기가 김통정 장군이었다. 고려 때 몽고군이 쳐들어 왔다. 김통정 장군은 삼별초를 조직하여 대항했다. 몽고군의 수는 삼별초가 상대할 수 없을 만큼 많았다. 할 수 없이 제주의 애월읍 고성리까지 내려오게 된 삼별초군은 흙으로 성을 쌓았다. "여봐라.

세금으로 재와 빗자루를 받아 들여라." 김통정 장군은 가난한 백성들에게 조금이라도 피해가 돌아갈까 봐 재와 빗자루를 세금 대신 받았다. "재를 성위에 뿌려라. 그리고 말의 꼬리에 빗자루를 묶어라." 김통정 장군은 여러 마리의 말에 빗자루를 묶게 하고는 재를 뿌린 성 위를 달리게 했다. 쳐들어오던 몽고군은 갑자기 하늘을 뒤덮는 먼지에 놀라 도망가기 시작했다. "멈춰라! 이런 바보들. 저건 속임수다." 몽고군의 장군이 눈치 채고 말았다. 그래서 도망가던 몽고군이 말머리를 돌려 다시 성으로 쳐들어 왔다. "모두 성안으로 피하라. 그리고 철문을 굳게 닫아라." 김통정 장군은 백성들과 군사들을 성안에 들어오게 하고는 철문을 닫아 버렸다. 성은 워낙 튼튼히 쌓았고 철문 또한 튼튼해서 몽고군은 더 이상 쳐들어오지 못했다. "허허. 이 노릇을……. 여봐라, 어떻게 하면 저 철문을 부술 수 있겠느냐?" 몽고군 장군은 부하들에게 좋은 꾀를 내라고 했지만 아무도 나서지 못했다. 그때였다. "쯔쯔. 그 깐일 하나 못하다니……." 어떤 여자가 몽고군 장군을 흉보며 지나갔다. "무엄한 것. 웬 여자가 재수 없게 웃고 야단인가?" 몽고군 장군의 호령에도 아랑곳하지 않고 그 여자는 더 크게 껄껄 웃었다. "내 이놈을……. 가만." 몽고군 장군은 화가 났지만 꾹 참고 여자의 행동을 유심히 관찰하였다. "그까짓 일 하나 처리 못하면서 어찌 장군이라 하리요. 허허, 보아하니 싸움도 못할 상이구려. 허허." 하도 큰소리로 웃는 여자 앞에 몽고군 장군은 기가 죽었다. "그래, 좋은 방도가 있단 말이지?" "있다마다요. 아니? 그것을 모르면 장군이라 할 수 있으리오." "그만, 그만 놀리고……. 그래 그 방도란 무엇이더냐?" "그야 쉬운 일이지요. 쇠는 불을 때면 녹게 마련 아니오리까? 저 성문 앞에 불을 때시구려." 그랬다. 몽고군 장군은 부하들을 시켜 성문 앞에서 삼일 낮 삼일 밤을 불을 때니 그만 성문이 녹아 허물었다. "이때다 쳐들어가라!" 이번에도 그 여자는 몽고군 장군에게 방도를 일러 주었다. "나는 날개가 없는데 어떻게 날겠는가?" "그야 간단하죠. 새가 되면 날 수 있지 않겠소이까?" "그렇다마다." 힘센 부하 두 명을 내게 보내시오. 그럼 해결해 드리리다." 몽고군 장군은 여자에게 부하 두 명을 보내니 주문을 외워 새와 모기로 변하게 하여 김통성 장군을 따라가게 했다. 김통정 장군은 바다 한가운데 쇠 방석에 앉아 불타는 성을 바라보며 한숨을 쉬고 있었다. 그때였다. 모기 한 마리가 투구에 날아 와 앉았다. 그와 동시에 새 한 마리가 김통정 장군 머리 위에서 울음을 울었다. '웬 소린가?' 김통정 장군은 이상한 소리가 나는 쪽으로 고개를 드는 순간 모기는 재빨리 김통정 장군의 목을 향해 칼을 휘둘렀다. "익!" 온 몸이 비닐로 덮여 아무리 칼과 창을 맞아도 들어가지 않던 몸인데 비닐이 없는 목을 내놓는 순간 모기에게 기습을 당하여 죽고 말았다. 이렇게 하여 몽고군과 끝까지 싸우던 삼별초 군대도 모두 죽고 김통정 장군도 죽으니 고려는 몽고군의 지배를 받게 되었다. 지금도 애월읍 고성리에는 김통정 장군이 쌓은 흙성과 발자국이 남아 있어 나라를 끝까지 지킨 얼을 되새기고 있다.」

붉은오름 유래

제주시 애월읍에서 남동쪽으로 16㎞ 지점에 있는 '붉은오름(해발 1,061m)'은 여느 오름이 그렇듯 한라산의 기생화산으로 용암대지에 형성된 분석구이다.

'붉은오름'은 오름의 흙이 붉다고 해서 붙여졌으며, 고려말기 여·몽 연합군에 항거해 끝까지 항전을 벌였던 삼별초의 마지막 격전장이다.

고려 원종 12년(1271) 진도싸움에서 여·몽 연합군에 패한 삼별초는 제주도에 들어와 2중으로 된 성을 쌓았는데 성 안쪽은 수직에 가깝게 돌로 쌓고 성 바깥쪽은 언덕과 계곡을 따라 흙으로 토성을 쌓았다. 바로 제주시 애월읍 고성리에 있는 항파두리성이다.

마지막 교두보를 마련한 삼별초의 최고 지휘관은 역사에도 기록된 지혜와 덕, 용맹성을 두루 갖춘 장수로 부하들로부터 존경을 받는 인물인 김통정 장군이다.

이를 증명하듯 당시 원나라(몽고) 세조는 개성에 있던 김통정의 일가 친족인 김찬과 이소 등을 비롯해 5명의 지인을 골라 제주로 보내 김통정을 회유하려고 했다.

그러자 김통정은 결사항쟁이라는 자신과 삼별초의 굳은 의지를 원나라 세조에게 전달하기 위해 김찬만을 살려두고 나머지 4명은 모두 죽여 버린다.

그 어떤 협박으로도 김통정을 회유할 수 없다는 것을 알게 된 원나라는 홍다구에 군사 9천명을 내주어 제주로 내려가 삼별초를 제압하도록 한다.

고려조정도 원나라의 강압으로 김방경에게 군사 8백 명을 거느리고 원나라군과 연합하도록 한다.

삼별초 공격준비를 마친 여·몽 연합군은 1273년 4월 제주에 상륙하고 곳곳에서 삼별초와 일전을 벌인 끝에 항파두리 성까지 함락시킨다.

당시 성 밖에 나가있던 김통정은 항파두리성이 함락됐다는 소식을 탈출한 부하들로부터 듣게 되고 울분을 삼키며 최후의 한명까지 항쟁할 것을 다짐한다.

이에 김통정은 부하장수 이문경에게 흩어진 군사들을 모아 항파두리성 남동쪽에 있는 오름에 집결해 진을 치도록 한다. 막상 진을 쳤지만 삼별초의 군사는 고작 70여 명, 결국 수적 열세에 몰린 삼별초는 여·몽 연합군에 의해 죽느니 스스로 목숨을 끊자며 김통정 장군을 비롯해 군사 모두 자결한다.

원 나라에 굴복하느니 차라리 죽음으로서 명예를 지키고자 했던 삼별초, 이들의 한이 서린 핏물은 오름에 흙을 붉게 물들였고 그때부터 사람들은 이 오름을 가리켜 '붉은오름'이라 부르기 시작했다고 한다.

물달운이 전설

밤비가 억수같이 쏟아져 항파두성 동서쪽 내가 넘쳐흘렀다.

이 밤에 명월포 진지에 전달 사항이 있었다. 적이 들어오면 비양도 정상에 봉화를 올려 신호를 하였지만 이 항파두성에서 명월포로 전달할 사항이 있으면 전령으로 하여금 말을 달려 남문을 나서고 금덕리를 통과, 서남쪽길(지금 산업도로)로 해서 서쪽으로 달리다가 원에 이르면 북쪽으로 말을 달려 대림리를 통과하고 명월포(한림)에 이르는 것이다.

비 오는 날 당직에 걸린 전령은 억수같이 내리는 비속을 뚫고 명월포까지 가야하리만치 삼별초의 군율은 엄하였다.

삼별초의 김통정 장군은 삼별초군의 규율을 엄하게 다스려 탐라 원주민에게 어떠한 피해도 주지 않게 하였으며 혹시 그런 중에서도 군법을 어겨 나쁜 짓을 행한 군인이 발견되면 일벌백계로 엄히 처단한 것이니 삼별초군의 규율은 어느 군대보다도 철저하였다. 그래서 불평도 많았다.

억수 같은 빗속에 명월포까지 가야할 전령 병사는 총각이었다.

"언제면 싸움에 이겨 개성으로 돌아가지."

젊은 전령은 서류를 품속에 간직하고 말을 달려 서문을 나서 유수암(금덕)을 지나 서쪽을 향하여 쏜살같이 말을 달렸다.

칠흑 같은 어둠을 헤치며 양쪽으로는 원시림이 우거진 숲속일, 산짐승들도 요란하게 울어댄다. 여우, 늑대 소리까지 들렸다.

사람들은 여우 소리를 제일 싫어한다. 여우는 매우 교활하고 변장까지 하여 사람을 많이 속였다는 동물이기 때문이다.

전령은 여우 소리를 들으며 빨리 달려 명월포로 가다가 희미한 불빛을 보았다.

"아직 원은 먼데 웬 불빛인가? 벌써 원이 가까워졌단 말인가."

주위를 살펴봐도 원의 불빛은 아니었다. 점점 불빛이 가까워 온다. 불빛이 이리로 가까워 오는 것이 아니라 자기가 탄 말이 불빛 있는 곳으로 달리는 것이다. 불빛이 더욱 가까워지고 앞을 보니 웬 조그만 집이 한 채 있고 방에는 불이 켜져 있지 않은가?

"잘 되었구먼, 목도 마른데 목이나 축이고 가야지."

짚 앞에서 말을 내린 젊은 병사는 헛기침을 하였다.

"집주인 계십니까?"

문을 열고 나온 여자는 절세미인이었다.

"실례지만, 비도 오고해서 좀 쉬여갈까 한다."

"아니, 어찌하나. 주인 양반이 안 계신데."

"그러면 할 수 없지요. 이대로 갈 수 밖에……."

"아닙니다요. 서방님. 주인은 안 계시더라도 비가 이렇게 억수같이 쏟아지는데 그냥 갈 수가 있습니까? 방이 누추하지만 들어오십시오."

목소리도 아름다웠다.

"그럼 그럴까요."

하며 이 젊은 병사는 방으로 들어갔다. 짚신을 신고 있었는데 가죽 버선은 축 늘어지고 흙탕물이 가죽 버선을 온통 더럽히고 엉망인 것이다.

"아유, 불쌍도 해라. 이같이 비가 쏟아지는데 혼자 밤길을 가다니……."

이 때 밖에 매어둔 말이 소리를 지른다.

'누가 오는가. 사람을 보면 우는 말이 아닌가?'

그러나 이 울음은 빨리 가자고 젊은 병사를 재촉하는 것이었다.

"저, 마님. 술이나 있거든 한잔만 주세요. 빨리 목적지에 가야 하니까요."

"조금만 기다리세요. 이제 금방 술상이 올라간다."

부엌에서 들고 온 술상은 진수성찬이었다. 이제까지 삼별초의 병사로 쫓아 다녀봤지만 이렇게 진수성찬으로 차린 술상은 처음이다.

"에라 모르겠다. 내일 당장 군법에 걸려 죽는 한이 있더라도 오늘 밤은 이 여자와 술이나 마시고 놀아보자."

하고 생각했는데

"자, 잔을 받으세요."

하며 이 여자가 술을 따른다.

이렇게 여러 잔의 술을 받아 마신병사는 술에 녹아 떨어져 버렸으니 전령의 의무는 그만저만 되어버린 것이다.

한편, 명월포에서는 이 날 밤중으로 올 줄 알았던 전령이 오지 않아 의심스러웠다. 매일 매일 암호와 지시를 받던 진지에서는 그 이튿날 암호 및 기타 지시가 없으므로 궁금하기 짝이 없어 본부로 사람을 보내었다.

명월포의 병사가 본부에 와보니 전령은 어저께 저녁에 갔다고 하며 명월진에서는 안 왔다고 하니 이젠 실종된 것으로 판단하고 삼별초 군대가 며칠을 두고 이 명월포 가는 길 주위를 샅샅이 뒤졌으나 발견하지 못하였다.

여러 날 주위 산을 수색해봤다. 그러다가 이 '물달운' 위쪽 숲에서

이 병사와 말의 시체를 발견하였다. 그런데 어찌된 영문인지 이 명사와 말은 내부 오장육부만 없고 외부 시체는 그대로 있는 것이다.

"지독한 놈들인걸."

그러나 나중에 안 일이지만, 이 때 젊은 여자는 '여우'였다. 여우가 이 병사의 눈을 속여 유혹하고 여우가 좋아하는 오장육부만 빼어 먹은 것이다. 이후부터 이곳을 '물달운'이라 불렀다고 한다.

아기밴돌 전설

고성리는 동으로 진군모를, 서쪽으로 성동산, 남쪽으로 안오름, 북쪽으로 던덕모를이 있어 마치 항아리 모양으로 되어 '항파두리'란 명칭이 생겨난 듯하다. 그 위치를 보면 진군모를을 넘어 100m 지점, 선돌왓에 자리한 선돌이 있었고, 서쪽은 지금 거제비 위쪽 성동산에 있었고, 남쪽은 상되출왓 위쪽 구석에 있었으며, 북쪽은 알작지소에 있었다.

그중 선돌왓 선돌은 일명 '아기밴돌'이라고 하며 아름다운 전설을 지닌 채 오늘에 이르고 있다. 동산에 우뚝 서있어 유독 숭엄하게 여겨졌고 또, 김통정 아내의 영혼이 이 돌에 스며있어 아기를 밴 채 서 있는 것이라 하여 신성시 하였다고도 전한다.

「옛날 자운영 터에 문 아무개가 살았는데 꿈에 머리가 허연 할아버지가 꼬부

랑 지팡이를 짚고 나타나서 "무서운 호열자(虎列剌)가 동쪽으로 올 터인 즉 선 돌목에서 길을 막고 생치(꿩)를 희생으로 제를 올려라."는 것이었다. 하도 이 상하여 동리 어른께 꿈 이야기를 했더니 헛꿈이라고 심심하게 여겨 받아들이 지 않았다. 그런데 웬걸 얼마 없어 동쪽 마을에 전염병이 돌아 사람이 죽고 야 단이라는 것이다. 그제야 부랴부랴 향회를 열고 꿈 이야기를 하며 이 일을 의 논하기에 이르렀다. 앞동산에 천막을 치고 중론을 수렴하는데 문제는 꿩이었 다. 꿩을 어떻게 구하느냐 고심을 하다가 지성이면 감천이니 우리 모두 꿩몰이 를 하자고 의견을 모아 모두 들로 나섰는데 그때 암꿩 한 마리가 날아오르더니 향회를 하기 위하여 쳐 놓은 천막 안으로 콕 박아지는 게 아닌가? 이것이야말 로 길조라 여기고 재물을 잘 차려 꿩을 희생으로 제를 올리고 선돌목에 가시를 쌓고 청년들이 밤에 불을 살라 순시를 하며 사람들의 통행을 막았다. 그 결과 한사람의 희생도 없이 마을은 무사하였다 한다.」

박 씨 설촌설

고성이 처음으로 설촌한 것은 조선 선조 34년 임진왜란 후 2년만 인 1601년 박 씨에 의하여 설촌되었다고 한다.

삼별초가 패망한 뒤 고려가 망하고 이성계가 조선을 세운 후 320 년 동안은 역사적으로 공간을 이룬다.

조선 선조 때 와서 동인 · 서인의 당파싸움으로 제주도로 유배된 사람들도 많았다. 이때에 동인은 사림파 김효원이 중심이 되고 서인은 훈구파 심의겸이 중심인물이 된다.

당시 송도 정철도 서인에 속하여 남해안으로 유배되고 안시열도 서인에 속하였기 때문에 제주도로 유배된다.

이 시기에 박언이라는 분의 아버지가 서인에 속하였으므로 선조 25년 제주도로 낙향한다.

박언은 벼슬이 선무랑공신 사재감주부(司宰監主簿)였는데 선조 25년 임진왜란 당시 당파싸움 관계로 조부와 부친이 별세하자 29세 나이로 임진왜란 중이지만 사임하고 모친 김 씨를 동반하여 제주도로 와서 연화촌(연동)에 정착하고 제주 향교에 출입하면서 향교에서 성윤문목사를 만나게 된다.

때는 선조 25년 1월이었다.

성윤문 목사는 박언의 부친과 절친한 친구였다. 성 목사는 박언에게 자초지종을 듣고 많은 지원을 하게 된다.

그는 귀일 남쪽, 고려시 삼별초의 김통정 장군이 항쟁하였던 부근에 집터를 마련하여 주고 또 그 지역의 이름을 '항파두리'라고 지어 주었다.

'항파두리'란 명칭은 그 지역(고성리)의 지형이 물 항아리 같고 인접한 남쪽에 장태(고성리 남쪽 안오름 뒤편 장털왓)가 있어서 물항아리에 장태로 물을 부어 넣는 형태에서 비롯된 명칭인데, 거기에 살면 약 200년간은 아무 탈 없이 부자가 되어 잘 산다고 해서 붙여졌다고 한다.

성 목사의 도움으로 사당과 주택을 건립하는 도중에 선조 32년 3

월에 박언의 모친이 별세하자 연화촌에서 소·대상을 치르고 선조 34년에 항파두리에 건립한 집으로 이사하였다.

성 목사는 특별히 사당을 지어 제를 지내게 했고 수복(제사를 맡아보는 사람)이까지 딸려 주었다.

사당에는 신라초대왕인 박혁거세시조 계왕위를 모시고 춘·추제를 봉행하였다. 박언의 집터는 지금의 고성리 김완국씨가 살고 있는 곳이며 현재 고성리 강위창씨가 살고 있는 집터는 수복이가 살던 곳으로 오늘날까지 '수복이 터'라고 부르고 있다.

목사의 후원으로 부와 권세를 얻게 된 박 씨 가문이 득세하게 되고 그 후 몇 년 계속 지나다 보니 저절로 박 씨가 설촌하였다는 구전이 전해온다.

황바도리와 김통정

황바도리(황바두리)는 지금의 애월읍의 고성이며, 김통정의 최후의 항거지였다. 고려 제 24대 원종 12년(1271), 삼별초의 장군 김통정은 조정의 장군 김방경에게 쫓기어, 진도를 거쳐 제주도에 들어와 황바도리에 진을 쳤다. 김통정은 흙으로 성을 쌓고 대궐을 건축하여 '항파성'이라 칭하니, 그 위엄이 탐라에 가득 찼다. 그는 백성들에게 한 사람마다 재 다섯 되와 비 한 자루씩을 바치게 하여, 성 위에 골고루 재를 뿌리게 하였다. 그 다음 말꼬리에 빗자루를 매달아 그 자신이 성 위를 달리었다. 잿더미는 말꼬리에 매인 빗자루에 쓸리어, 안개처럼 사방을 뒤덮었는데, 멀리서 바라보는 백성들은 김통정이 구름 위를 난다고까지 하였다. 제주 삼읍(대정, 모관, 정의)은 모두 돌로 쌓은 것이었으나 황바도리는 유일한 토성이었다. 김통정은 철문을 닫아걸고 싸울 만반의 준비를 갖추었다. 조정에서는 몽고군과 합세하여 김통정을 정벌하기로 하였다. 김방경은 여몽 연합군을 거느리고 진격하여 왔다. 격렬한 싸움이 벌어졌다. 김통정은 잘 싸웠으나, 중과부적이었다. 그는 추자로 도망쳤다. 김방경이 곧 뒤쫓아와 김통정은 살해되었는데, 지금도 그때 김통정의 재 위에 찍힌 발자국이 고성으로 가는 길 돌담 위에 확연히 남아 있다 한다.

2000년대 김통정 장군 관련 전설

유수암리에서 채록한 내용이다. 제보자는 삼별초 관련 전설의 모든 부분을 다 기억하고 있었는데, 기존 자료와 크게 다르지 않다. 이것은 시간이 흘러도 공통 화소는 이야기 속에 남아있음을 뜻한다. 다음은 2002년에 채록한 자료이다(제보자: 강충희, 남, 1939년 생).

「· 종신당: 이 전설은 유수암리 설촌과 관계있다. 고려 원종 11년(1271)에 김통정과 함께 제주도에 들어온 고승이 있었다. 그는 유수암의 지형 즉 산세를 보고 스스로 찾아와서 절동산(사찰이 있었던 동산) 아래에 있는 샘물(유수암천)을 발견했다. 스님은 그 자리에 암자인 '태암감당'을 지었다. 이때부터 유수암에 사람이 살기 시작했다. 김통정 장군이 김방경 장군 일행의 공격을 받고 패전할 즈음에 김 장군 모친이 부하 몇 사람을 데리고 유수암천이 흐르는 양지 바른 곳에 찾아왔다. 그 어머니는 토굴을 만들어서 굴속에서 살았다. 주위 사람들에게 말하기 이 토굴에서 불빛이 꺼지거든 문을 막아달라고 유언했다. 속설에는 김통정 모친이라 하기도 하고 김통정 아내인 이화선의 어머니라 하기도 한다. 이 어머니가 살았던 토굴을 종신당이라 한다. 1960년대 초반에 이 무덤에 중요한 보물이라도 있는 줄 알고 도굴꾼이 파헤쳐 보니 은촛대, 항아리 등이 나왔다고 전해진다.

· 태암감당(泰岩龕堂): 암자가 점점 규모가 커지면서 사찰이 되고 태산사로 개칭했다. 조선조 시대에 척화스님이 이 절을 제주도에서 오래된 절이라 해서 천고사로 명명했다. 숙종조 이형상 목사가 제주도 당과 절을 처리하면서 이 절도 없어졌다. 그런데 그 절이 있던 자리에 무환자나무(염주알을 만드는 나무) 한그루가 자라서 지금도 보호되고 있어 절터임을 알 수 있을 뿐이다.

· 토성 쌓기: 항파두성을 쌓을 때 인근 마을 사람들도 동원되었다. 전하는 말에 의하면 김통정 장군이 군대식으로 사람들을 동원해서 일을 했는데 먹을 식량이 없어서 자신의 배설물을 남이 먼저 먹을까 봐서 식기 전에 빨리 먹을 정도였다고 한다.

· 김통정 출생 전설: 김통정 어머니가 잠을 잘 때 밤마다 어떤 남자가 와서 자고 갔다. 이러저러한 사실을 말한 후에 도포자락에 실을 꿰었다. 다음

날 아침 그 실을 따라 가보니까 돌 밑이었다. 바위를 들어보니까 '지렁이' 가 있었다. 그래서 지렁이의 정기를 받고 태어났기 때문에 '진통정'이라 했다.

· 김통정 장군의 최후: 김통정이 마지막 전투에서 도망치다가 땅을 밟았는 데 그곳에서 물이 솟아났다. 여기를 「장수발자국」이라 하고 지금도 시원 한 물이 솟아오른다. 그리고 김통정이 관탈섬으로 갔다. 거기서 모기로 변한 김방경 장군의 꾐에 넘어가서 죽었다.」

광령 할망당

광령1리의 본향당인 '자운당'은 마을 동쪽 무수천변 영도빌라 다 동 북쪽에 위치해 있다. 속칭 '할망당'으로 더 잘 알려져 있으며 '송 (宋)씨 아미', '송(宋)씨 도령'이 좌정했다는 이 당에는 수령 4백년 이 상의 거대한 팽나무가 2그루 서 있었다. 다정한 오누이처럼 나란 히 서 있는 두 팽나무 밑에는 두 개의 화강암 석판이 연이어 놓여 있 다. 그 중 동쪽 굵은 팽나무 밑의 것이 누이 '송씨 아미'의 제단이고 서쪽의 작은 석판이 '송씨 도령'의 몫이다. 둘레 6~7m나 되어 보이 는 나무의 굵기는 이 당의 역사가 속히 3백 년 이상 됨을 말해 준다.

그러나 2012년 태풍 볼라벤과 덴빈이 수백 년 된 당나무를 뿌리째 뽑아 놓아서, 지금은 쓰러져 있는 당나무의 모습만 볼 수 있다.

구전되는 전설에 의하면 이 당의 역사가 훨씬 깊다는 것을 추정케

하기도 한다.

옥황상제에게는 열두 신하가 있었다. 그 중에 열두 번째가 송씨대왕인데 '인간세계에 생불로 내려가라.'는 명을 받고 지상에 내려와 영주산(한라산) 동남쪽 '안수못밭'에 터를 잡고 아들 5형제, 딸 형제를 낳았다. 그 중에 두 오누이가 원당봉에 살려고 하니 '갯가(바다) 냄새가 나서 못쓰겠다. 옮기자.'해서 서쪽으로 옮기니 신엄 서쪽 자운당에 와서 머물렀다. 그러나 거기서도 남드르(신엄 앞바다) 절벽에 파도치는 소리가 듣기 싫어 '여기도 거주할 수 없다.'해서 수산(애월읍) 당동산으로 옮겼고, 그 곳에서도 물이 나빠 어쩔 수 없이 광령 서쪽 당동산으로 와서 거주했다. 그 곳은 생수도 있어 좌정지로 적격이었는데 차차 인가가 불어나서 지금 위치로 옮겨 왔다.

이 전설대로라면 할망당(자운당)은 처음 설당한 이래 최소한 4군데 이상 위치를 옮겨 왔으며, 당에 따른 인구 이동을 염두에 둔다면 이 당의 역사는 훨씬 이전으로 올라가야 할 것이다. 실제로 현재 신엄리 서쪽에 '자운당'이라는 같은 지명이 남아 있어 그러한 추측의 가능성을 뒷받침해 준다. 또 하나 흥미로운 것은 광령1·2·3리에 모두 '성씨 할망당'이 있다는 사실이며 이 당의 분포는 인근의 제주시 도평, 연동, 오라, 도두동 일대와 한림읍 귀덕리까지 있다는 사실이다. 27~28개에 이르는 이 '송 씨 할망당'의 분포는 애월읍을 중심으로 한덩어리를 이루는데, 제주도의 다른 지역에서는 송씨 할망당이 거의 없는 것으로 보아 다른 지역과는 다른 신앙권을 갖고 있음을 보여준다. 또 이에 따라 생활환경이나 마을의 역사도 달랐으리라는 점을 짐작케 해 준다.

왕자무덤

마을 남쪽 '분 투굴' 지경에 위치하고 있었으나 현재는 도굴되고
말았다. 전해지는 말로는 분투굴 지경의 돌담을 쌓느라고 왕자무덤
을 파헤쳐 보니 진짜 무덤 주위로 도굴을 방지하기 위한 가짜 무덤
이 서너개 더 발견되었다고 한다. 무덤은 온통 석판으로 이루어져
있었으며, 돌 작업 중 석재 부장품이 하나 발견되어 현재 마을 주민
이 소장하고 있다.

진대석 효자문

효자 진대석은 조선조 인조 때 사람이다. 기록에 의하면 당시 군
교(軍校)를 지냈는데, 어릴 때 부친을 여의고 다리병으로 홀로 고생
하는 모친을 업고 다니며 극진히 효성을 다했다고 한다. 또한 처자
식이 있으면 효도를 다하지 못할까 염려하여 끝내 독신으로 지내며
모친을 정성껏 모셨는데 1634년(조선 인조 12) 효자의 정문(旌門)이 하
사되었다.

진대석의 묘는 마을 북쪽 '대석의 동산'에 자리 잡고 있었으나 일주도로(알한질)가 개통되면서 모든 관용시설이 일주도로변에 밀집하게 되고 상대적으로 웃한질(현재 평화로)은 개발에서 소외되어 효자문도 황폐해지고 말았다.

1924년 3월 이진농이 제자들과 더불어 효자문 거리를 지나다가 진대석 효자문이 없어진 것을 보고 이를 아쉬워하며 거대한 암반에 '효자진대석'이라 새기고 돌아갔다. 지금도 평화로 도로변에 남아 있어 마을 사람들의 귀감이 되고 있다.

묘련사 터

정연 동쪽에 있는 현재 대각사 자리다. 절터에서는 수막새, 암막새, 평와, 석제유물, 도자기 등이 발견되었다. 대각사에 보관되어 있는 평와 중에는 글귀가 새겨진 명문 기와가 발견되었고, 또 1991년 제주목 관아지 발굴 조사에서 같은 명문 기와가 출토되면서, 현재 대각사가 위치하고 있는 곳이 묘련사 터였음을 뒷받침해 주었다. 묘련사에 관련된 유물이나 문헌으로 그 시기를 추정하면 고려시대 중기 경에 창건되어 조선시대 1702년경에 폐사된 것으로 추정된다.

한 서린 여인의 무덤(매고무덤)

　옛날 광령 마을에는 '매고'라는 어여쁜 처녀가 살았다고 한다. 그리고 같은 마을에 매고처녀를 남몰래 짝사랑하는 한 총각이 살고 있었다.

　매고는 당연히 이 총각이 자신을 사모하는지 몰랐고, 성혼할 나이가 되자 부모가 정해준 이웃 마을 총각에게 시집을 간다.

　그러자 매고를 남몰래 사모했던 같은 마을 총각은 왠지 모를 배신감에 휩싸이게 되고 결국 위험한 생각까지 하게 된다. 매고의 남편을 유인해 없애버리기로 한 것이다.

　결심을 굳힌 총각은 바로 실행에 옮기는데, 매고의 남편을 찾아가 함께 사냥을 가자고 제안한다.

　사정을 모르는 매고의 남편은 사냥을 가자는 총각의 제안을 흔쾌히 승낙하고 함께 사냥 길에 오른다.

　숲 속 깊은 곳으로 들어간 총각은 주위를 살펴보는 사람이 없다는 것을 확인하고 남편의 급소를 향해 화살을 쏴 죽인 후 시체를 땅 속 깊이 파묻어 버리고 자신의 몸에 상처를 입힌다.

　마을로 돌아간 총각은

　"산속에서 맹수를 만나 매고의 남편은 행방불명이 됐고 나는 상처를 입었다."

　며 거짓말을 한다.

　마을사람들은 총각의 거짓말에 모두 속게 되고 매고 또한 총각의 말을 철석같이 믿게 된다.

남편을 잃고 홀로 남겨진 매고는 자신에게 친절하게 다가오는 총각에게 호감을 갖게 되고 결국 둘은 재혼하게 된다.

그 후로 매고와 총각은 아들 7형제를 낳으며 행복하게 살던 어느 날, 총각은 과거를 회상하다 이제는 자신의 아내가 된 매고도 이해하겠지 하는 마음으로 전 남편을 죽인 사실을 털어 놓는다.

그 말을 들은 매고는 세상이 꺼지는 듯 한 충격을 받지만 침착하게 아무렇지 않은 듯

"남편이 억울하게 죽었기 때문에 양지바른 곳에 묻어야만 앞으로 자식들이 성공할 것이다."

며 총각에게 전 남편을 묻은 장소를 알려달라고 한다.

설득력 있는 매고의 말에 속은 총각은 매고에게 전 남편을 묻은 장소를 알려주는데, 이런 사실을 알게 된 매고는 관아로 달려가 총각의 만행을 일러바치며, 총각과 자신사이에서 난 아들들도 모두 극형에 처해달라고 제주목사에게 간곡히 청한다. 비록 자신이 낳은 아들들이지만 악의 씨를 말끔하게 없애겠다는 의도였다.

제주목사는 매고의 청을 받아들여 총각과 아들들 모두를 사형에 처한다.

매고는 이 모습을 모두 지켜본 후 집 앞산에 올라가 땅을 파고 그 속에 들어가 기름을 온몸에 부어 유명을 달리하는데 그때부터 마을 사람들은 이 장소를 가리켜 '매고무덤'이라 전해 온다.

아홉 아이 낳아도 한 보람 없다(속담 유래)

애월읍 광령리는 현재 여러 자연부락으로 이루어져 있지만 옛날 성촌 당시에는 이 마을 위쪽의 '비시니굴'이라는 곳에 인가가 좀 있을 뿐이었다.

이 이야기는 성촌 당시의 설화이다.

비시니굴에 '매고'라는 여인이 포수인 남편과 둘이서 행복하게 살고 있었다.

한라산에 온갖 짐승들이 많아 사냥이 성하던 시절이었으므로 매고와 남편은 거의 매일 산으로 들로 사냥을 하러 다녔다.

매고는 매우 아름다운 여인이었다. 동네 사나이들은 물론 그냥 지나가는 사람들도 한번 보고는 그 미모에 반해 돌아보곤 하였다.

매고의 이웃집에 젊은 포수가 살았다. 이 포수는 매고의 남편과도 퍽 친하였다.

이 젊은 포수는 늘 매고의 미모에 눈길을 쏟고 있었다.

그는 마침내 매고의 남편을 어떻게든 죽여 버리고 매고를 차지해야겠다는 욕망을 품게 되었다.

젊은 포수는 계략을 품고 매고의 남편과 함께 사냥을 나갔다.

두 사나이는 활을 메고 사냥개를 데리고 심심산중으로 들어갔다. 노루와 사슴 들을 몰아서 이 골짜기 저 언덕을 뛰고 넘었다.

그날따라 짐승은 쉬 잡히지 않았다.

젊은 포수는 짐승을 잘 잡을 수 있는 방법을 제안하였다.

"당신이 저쪽으로 가서 노루 사슴을 몰아오고, 내가 여기 숨었다가 쏘아 대면 틀림없이 잡을 것 아닌가?"

매고의 남편은 그럴싸하다고 생각하고, 멀리 가서 소리를 지르며 짐승을 몰아대었다.

노루 몇 마리가 젊은 포수 있는 쪽으로 달려오고 매고의 남편은 그 뒤를 쫓아 가까이 내려오고 있었다.

젊은 포수는 노루를 겨냥하는 척하다가 매고의 남편을 쏘았다.

활에 맞은 매고의 남편은 그 자리에 쓰러졌다. 젊은 포수는 매고의 남편이 피거품을 토하며 죽어가는 것을 확인하고 돌아왔다.

집으로 돌아온 젊은 포수는 곧 매고에게로 갔다.

"남편은 사냥을 같이 하다가 머리가 아프다면서 중도에 내려오던데, 어떻소? 좀 괜찮아졌소?"

라며 시치미를 떼었다.

그 후 매고의 남편은 영영 돌아오지 않았다.

매고는 남편이 한라산 어느 골짜기에서 앓다가 죽은 것이라 생각하고 체념하였다.

몇 해가 지나갔다.

그동안 젊은 포수는 매고의 살림을 친절히 돌보아 주었다. 매고는 포수를 조금도 의심하지 않았고, 살림을 보살펴 주는 데 고마움을 느끼게 되었다.

어느 날 포수는

"이제 당신도 홀몸, 나도 홀몸이오. 그러니 합칩시다."

라고 매고를 유혹하였다.

매고의 마음도 돌아섰다. 그렇게 두 사람의 새 살림이 시작되었다.

세월이 흐르고 흘러 두 사람 사이에는 아들이 아홉 형제나 태어났다. 젊었던 이 부부도 이제 거의 할아버지 할머니가 되었다. 재산도 꽤 모았으므로 살림은 넉넉해졌다.

비가 몹시 쏟아지는 어느 날이었다.

늙은 남편은 마누라의 무릎에 머리를 기대고 이를 잡아 달라고 하였다.

늙은 매고가 남편의 머리털을 가르며 이를 뚝뚝 잡아 준다.

남편은 매우 행복한 마음으로 마누라 무릎에 머리를 파묻은 채 과거를 더듬고 있었다.

마당에는 쏟아지는 빗물이 괴어 못처럼 넘실거리고 있었다. 빗발에 물거품이 일어 둥둥 떠가다가 폭폭 사라지곤 하였다.

남편은 곁눈으로 그 물거품을 바라보다가 매고의 전 남편이 자기 활에 맞아 피거품을 토하며 죽어가던 모습이 떠올렸다.

'그때 그렇게 죽였으니, 이 고운 마누라와 아들 아홉씩이나 낳으며 행복하게 사는 것 아닌가?'

남편은 무심중에 웃음이 피식 나왔다. 매고는 남편의 웃음이 전에 없는 이상한 웃음으로 느껴졌다.

"왜 피식 웃습니까?"

"아무것도 아니라."

아무것도 아니라 해도 마누라는 자꾸만 캐묻는 것이다.

남편은 말문이 막혔다.

'이제 아들을 아홉씩이나 낳았고, 이만큼 늙도록 살았으니 고백해도 괜찮지 않을까?'

하는 생각도 들었다.

"다른 게 아니오. 저 마당에 떠가는 물거품을 보니, 자네 전 남편이 사냥 갔다가 나한테 활 맞아 죽어갈 때 피거품 뱉는 것 닮아서 웃었지."

당시의 자세한 내용을 캐어 들은 매고는

"그거 잘하셨군요. 그놈 나하고 살 때 어떻게나 못살게 굴었는지."

하며 오히려 시원하다는 눈치를 보였다.

그리고는

"그놈 죽은 데를 가리켜 주면, 죽은 놈이지만 분풀이라도 할 것인데."

라고 하였다.

남편은 말하기를 잘했다 생각하고 전 남편을 죽인 장소를 자세히 일러주었다.

늙은 매고는 전 남편이 죽었다는 장소를 찾아갔다.

수풀 속에 흰 **뼈**들만 있었다. 매고는 흩어진 **뼈**들을 도리모리 모아 치맛자락에 싸 들고 관가로 가 남편을 고발하였다.

관가에서는 형장을 내어 주며

"이것을 가지고 네 마음대로 분이 풀리게 처형하라."

라고 하였다.

늙은 매고는 그 몽둥이로 분이 풀릴 때까지 남편을 때려 죽였다.

이어서 아들 아홉 형제를 모두 집 속에 가두어 문을 잠갔다.

매고는 집 네 귀에 불을 놓았다. 집은 삽시에 불길로 뒤덮이고 아들 아홉 형제는 그 불길 속에 타 죽어 잿더미가 되었다.

그 후 매고 할망은 이웃 언덕에 손수 무덤을 파고, 눈비야기쿨(풀이름)에서 뽑은 기름으로 불을 켜고 무덤에 들어가 앉았다.

소문을 듣고 동네 사람들이 모여 드니

"여기 불이 꺼지거든 내 죽은 줄 알고, 돌로 어귀를 막아서 흙이나 던져 주십시오."

한 마디 하고는 다시 말이 없었다.

그날부터 동네 사람들은 그 무덤을 지켰다.

며칠이 지나자 무덤 속에 불빛이 사라졌다.

동네 사람들은 매고의 부탁대로 돌로 어귀를 막고 흙을 덮어 무덤을 만들어 주었다.

이 무덤을 '매고 무덤'이라 한다.

이때부터 '아홉 아이 낳아도 한 보람 없다'는 속담이 생겨나게 되었다.

매고(埋姑)무덤

고려 말엽 '비신의굴(광령1리 남서쪽 약 1㎞ 지점에 위치한 곳)'의 한 집안에 아리따운 처녀가 살고 있었다.

당시는 별반 농경이 발달하지 못해 수렵으로 생활을 이어갈 때인데, 이 아리따운 처녀의 이웃집에는 그녀를 지극히 짝사랑하는 총각이 살았다.

성혼할 나이가 되자 처녀는 이웃집 총각의 마음을 아는지 모르는지 부모의 주선으로 같은 마을 총각에게 시집을 가버렸다.

결혼생활은 그런대로 행복했고 누가 보아도 오순도순 재미있어 보였다.

야릇한 배신감을 달래며 이를 지켜보던 총각은, 아무리 생각해도 억울해 여인을 어떻게든 차지해야만 직성이 풀릴 것 같았다.

궁리에 궁리를 거듭하다가 결국 여인의 남편을 없애버리기로 작정을 하고, 날을 잡아 같이 사냥을 가자고 졸랐다.

사냥을 나선 두 사람은 '오갱이도'까지 가게 되었다.

한나절을 걸었기에 다리도 아프고 해서 그늘에 앉아 잠시 쉬는데, 총각이 대뜸 화살로 여인의 남편을 쏘아 거꾸러뜨렸다.

워낙 가까운 거리이고 또 급소를 맞췄기에 여인의 남편은 피거품을 내뿜으며 금방 숨이 끊어졌다.

대충 시체를 수습해 암장해 버린 총각은 자신의 몸에도 여기 저기 상처를 내고는 헐레벌떡 마을로 달려들었다.

깜짝 놀란 마을 사람들과 여인이 어찌된 일이냐고 다그쳤다.

"이게 무슨 변고냐, 어째서 우리 남편은 안 돌아오느냐?"

"아, 무시무시한 맹수를 만나서 나는 어찌어찌 겨우 도망쳤는데,

그 사람은 어떻게 됐는지 모르겠소."

총각이 이렇게 대답하자, 다음 날부터 이웃 사람들은 총각을 안내인으로 삼아 여인의 남편을 찾아 나섰다.

그러나 벌써 암매장까지 한 시체를 며칠을 찾아봐도 흔적조차 없자 마을 사람들은 남편이 맹수의 밥이 됐을 거라고 체념해 버렸다.

몇 달이 흘러 사건이 잠잠해지자 총각은 남편을 잃은 슬픔에 두문불출하고 있는 여인에게 접근했다.

"죽은 사람이야 어쩔 수 없지만 산 사람은 우선 살아야 하지 않겠나, 우리 서로 외로운 처지이니 서로 도우며 살아보자."

라고 살살 어르고 달랬다. 그래서 결국은 여인을 꼬이는데 성공했다. 새 살림을 차려 오순도순 사는데 한 해에 하나씩 7형제를 낳았다.

장대비가 억수같이 쏟아지는 어느 날 초로에 접어든 두 부부는 마루에 앉아 서로 머리의 이를 잡아주고 있었다.

그런데 가만히 보니 부인의 무릎을 베고 누운 남편이 아까부터 마당에 생기는 물거품을 보며 실없이 자꾸만 웃는 게 아닌가?

이상하게 여긴 부인이 가만히 물었다.

"무슨 일입니까, 비가 와서 사냥도 못하고 식량도 어려운 판인데, 어째 자꾸만 웃으십니까?"

그제야 흠칫 정신을 차린 남편은 물끄러미 부인의 얼굴을 쳐다보다가 '이제야 다 늙고 아들도 일곱씩이나 됐는데 옛날 얘기 좀 하기로서니 어떠냐.'

싶어 자초지종을 털어놓기 시작했다.

"응, 다른 게 아니라 내가 당신을 좋아한 나머지 당신 전 남편을 사냥터에 데리고 가 쏘아 죽였는데, 그때 상처에서 뿜어지던 피거품이 꼭 저 물거품과 같아서……. 그 생각을 하니깐 나는 너무 행복한 것 같아서 웃음이 나네."

"아, 그거 참 잘했다. 부모가 결혼을 시키니까 마지못해 살았지, 그 놈이 생전에 날 괴롭힌 걸 생각하면 이가 다 갈립니다. 그런 놈은 뼈까지 갈아 없애야 해요. 이왕이면 우리가 그 뼈까지 전부 주의 다 태워 버립시다."

가슴이 덜컥 내려앉은 부인은 순간적인 재치로 그 상황을 교묘하게 넘겼다.

그러나 좀 우둔한 남편은 아내의 달콤한 말에 혹해, 그것을 곧이곧대로 믿고

"아, 그러면 가자."

라고 해서 대충 시체를 묻어 놨던 곳에 부인을 데리고 가서 가리켜줬다.

부인이 가만히 생각해 보니 자칫 자신의 계획을 남편이 눈치 챌 것 같아 은밀히 무덤자리를 표시해 두고 남편을 교묘히 설득했다.

"오늘은 일진이 좋질 않아 우리 자식들이나 집안에 화가 미칠지 몰라요. 그러니 다음에 내가 혼자 와서 처리하겠어요."

가만히 들어보니 그도 그럴 것 같아 남편은 흔쾌히 승낙해 버렸다.

이렇게 남편을 따돌린 부인은 밤중에 유골을 수습하여 남편 몰래

관에 갔다.

"등장(진정)드리러 왔다."

"무슨 일이냐?"

"비신의굴 사는 아무개인데 어찌어찌하여……. 다 죽여줍서."

부인은 자초지종을 다 털어 놓았다.

그러자 사또는

"네가 낳은 아들들을 어찌 할 것이냐, 하나는 살려주랴?"

라고 되물었다.

"이런 종자 놔뒀다가 씨 전종하면 어찌합니까. 다 죽여줍서."

이렇게 남편과 자식을 다 죽인 노부인은, 사람 하나가 겨우 기어들 수 있는 구멍 하나만 남기고 자신의 집을 흙으로 덮어 무덤같이 만들었다.

그런 후 배치기(질경이) 기름 한 허벅을 짜서 굴속으로 기어들며

"이 지름(기름)으로 붙인 불이 꺼지거든 내가 죽은 줄 알고 구멍을 막아주시오."

하고 마을 사람들에게 부탁했다.

그 불은 꼭 석 달 열흘을 타오르다가 꺼졌는데 불이 꺼지자 비신이굴 사람들이 이 부인의 소원대로 굴 입구를 막아 버렸다고 전한다.

그런데 이 노부인의 이름을 '매고'라 하는 이유는 '남편의 원수를 갚아 열녀라 할 만 하지만, 자기가 낳은 자식마저 모두 죽인 것은 너무 매정하다.'여 '정한 할머니'에서 연유했다고 한다. 간단하게 전해 오는 매고 무덤 전설은 다음과 같다.

「마을 남쪽 속칭 '비신의굴'에 위치해 있으나 일제강점기 때 일본인 도굴꾼들이 무덤을 파헤쳐 버려 지금은 흔적만이 남아 있다. 여기는 전 남편을 살해한 둘째 남편을 관가에 고발하고, 스스로 무덤 속에 묻혀간 매고라는 여인의 슬픈 전설이 전해진다. 아직까지도 '비신의굴' 주변에는 대나무가 산재해 있고 그 인근에 정연이라는 샘이 있으며, 절밭이 있는데 그 자리에는 옛날 기와장이 많이 발굴된다. 이밖에도 움집터, 무근집터 등 옛 지명이 그대로 전해지는 것으로 보아 고려 말엽에 사람이 살았을 것으로 추정된다.」

왕자를 구해준 고찰방

광령 '버여못' 지경에 고두철이라는 사람이 말 백두, 소 백두를 기르며 살고 있었다.

당시는 주로 방목을 했는데 비가 많이 내려 무수천에 물이 크게 분 어느 날, 그는 마, 소를 먹이려고 목초가 좋은 '매모를' 지경으로 나갔다.

한참을 마, 소에게 풀을 뜯기고 있는데 무리 가운데 몇 마리가 빠져 나와 무수천변의 울창한 잡목림으로 슬슬 들어가는 게 아닌가?

그래서 마, 소가 숲에 들어가기 전에 막으려고 뒤를 좇아갔다.

한참을 쫓기고 좇으며 마, 소와 실랑이를 벌이던 고두철은 이상한 물체가 냇물에 떠밀려오다 나뭇가지에 걸려 흔들거리는 것을 발견했다.

그는 호기심이 생겨 대뜸 그 물건을 건져 보았다.

건져보니 그것은 궁궐에서나 씀직한 여간해서는 보기조차 힘든 희귀한 비단 보자기였는데 이상한 글귀가 수놓아져 있었다.

귀할 귀자, 복 복자, 하늘 천자, 임금 왕자 등의 글자를 확인해낸 그는 갑자기 겁이 덜컥 났다.

물에 불은 것으로 봐서는 족히 4㎞ 쯤 떠밀러 온 것 같은데, 겁이 났지만 이왕에 내친걸음이라 비단보를 헤쳐 보았다.

그런데 보자기 속에는 고귀해 보이는 어린애가 죽어 있을게 아닌가? 이에 고두철은 어린애의 시체를 잘 수습해서 근처의 좋은 자리를 골라 잘 묻어줬다.

그리고 나선 어린애가 왕자인 것 같은데 잘못하면 역적으로 몰려 죽을지도 모른다는 생각에 그 일을 아주 숨겨 버렸다.

몇 년의 세월이 흐른 뒤, 어떻게 알았는지 갑자기 한양의 조정에서 고두철을 불러 들였다.

그러나 그는 어떤 문책을 당할까 겁이 나서 상경하지 않았다. 그렇게 몇 번 출두명령이 있어도 끝내 상경하지 않자, 조정에서는

"그에게 제주도원 찰방이나 시켜라."

라고 교지를 내렸다.

그 교지가 지금도 고 씨 문중에 전해진다 한다. 조금 다른 내용의 이야기는 다음과 같다.

「조선 후기는 당파싸움이 극성했던 시기에 제주도로 피신 온 왕자 세 사람이

있었다. 전하는 이야기에 따르면 어느 후궁의 몸에서 난 어린 왕자들인데, 바로 이런 당파 싸움의 파도에 밀려 목숨이 풍전등화인 신세라 제주도 같은 머나먼 곳으로 몸을 피할 수밖에 없었던 것이다. 제주에 온 이들은 안전하게 몸을 숨길 곳을 찾아 헤매고 있었다. 누군가의 조언에 따라 무수천 부근에 고려시대부터 있었던 석실묘 근처가 안전하다 하여 이들 어린 왕자들은 유모 및 호위 군사들과 함께 무수천을 건너게 되었다. 그러나 때마침 며칠 동안 큰비가 내려 내는 철철 넘치고 있었다. 건너자니 너무 위험하고, 그대로 있자니 그들을 집으로 쫓아올 군사들이 두려웠다. 왕자 일행은 위험을 무릅쓰고 철철 넘치는 내를 건너기로 하였다. 한 사람 두 사람 물을 건너는데 비가 더욱 거세게 쏟아지는 바람에 그대로 내에 빠져 흘러가 버리는 이도 생겨났다. "사람 살려!" 냇물에 휩쓸려 가는 사람이 내지르는 비명은 큰 물소리에 묻혀 들리지도 않았다. 이 무렵 광령리 '베염못' 가에 고두철이라는 사람이 살고 있었다. 이 사람은 목축을 하는 이였는데 말 백 마리, 소 백 마리를 키우는 부자라고 근방에 소문이 나 있었다. 마침 큰비가 내려 무수천이 터졌는데, 위험하긴 하지만 이게 아주볼만한 구경거리이기도 해서 사람들 중에는 무수천으로 가 그 장관을 구경하는 경우도 있었다. 무수천 주위는 수목이 매우 울창하고 아름드리나무가 많아물살에 꺾이기라도 하면 주워다 남방아를 만들 수도 있기 때문이다. 그런데 이번 비는 너무 거세어서 구경하러 가는 사람도 거의 눈에 띄지 않았다. 대신 고두철은 말과 소 몇 마리가 그쪽으로 가는 걸 보았다. "아, 저거 위험하다!" 말과 소들이 영락없이 물살에 휩쓸리고 말 것 같았다. 고두철은 빗속을 뚫고 그말과 소 들을 뒤쫓아 달려갔다. 다른 방향으로 내쫓아 마소를 죽을 위험에서구하려는 본능적인 행동이었다. 겨우 말과 소들을 찾아 안전한 방향으로 내쫓는 데는 성공했는데, 고두철은 그 주변에서 이상한 것들을 발견하게 되었다. 생전 보지 못하던 비단보자기들이 여기저기 걸려 있고, 그 보자기에는 귀할 귀자, 복 복자, 하늘 천자, 임금 왕자 같은 글자들이 씌어 있는 것이었다. 고두철은 깜짝 놀라지 않을 수 없었다. 그리고 그 심상치 않은 글자들 때문에 왠지 무서워졌다. 고두철은 무엇인가 짚이는 게 있어 주변을 좀 더 자세히 살펴보았다. 무수천 주위는 나무들이 울창하였는데, 과연 이 나무 저 나무에 사람들이 걸려 있는 게 보이는 것이었다. 상류에서 급류에 휩쓸려 내려오다가 나뭇가지에 걸린 것 같았다. 아래위로 바삐 오가며 확인한 결과, 어린 사람도 있고 군사 복장을 한 이도 있고 여인들도 있었는데 대게는 이미 죽어있는 상태였다. 그 중에 간신히 목숨만은 붙어 있는 이들도 있어 고두철은 먼저 이들을 수습하였다. 나중에 안 일이지만 어린 왕자 셋 중 하나와 유모 한 사람이 고두철 덕분에 겨우 목숨을 건지게 되었던 것이다. 고두철은 비가 그치길 기다려 죽은 이들을 잘 매장해 주었다. 그리고 살아난 왕자와 유모를 자기 집에서 몰래 보호하였다. 얼마가 지나자 낯선 군사가 고두철을 찾아와 이들을 데려갔다. 조정에서는 제주로 피신했던 왕자의 목숨을 구한 사실들을 알고 벼슬을 내릴 테니 고두철에게 서울로 올라오도록 요청하였다. 고두철은 벼슬을 내린다는 말이 반갑기는커녕 무슨 문책이나 당하지 않을까 겁이 나서 올라가지 않았다. 그렇게 몇 번을 불러도 고두철이 올라가지 않자, 어쩔 수 없다고 여겼는지 조정에서는 '찰방' 벼슬을 내렸다. 고두철이 고찰방이 된 것이다.」

고 씨 부자 장사

애월읍 광령리에 사는 고인택의 선조는 겨드랑이에 날개가 돋았던 것이다.

이 선조가 어렸을 때 밤만 되면 어디론가 없어졌다. 부모가 확인해 보면 누웠던 자리에 옷만 벗어둔 채였다.

밤만 되면 옷을 다 벗어버리고 어디론가 사라져 버리니 부모는 이상하다고 생각하였다.

'혹시 이놈이 날개가 돋은 게 아닐까?'

날개 돋은 자식을 낳으면 역적으로 몰리는 세상이었다.

그래서 하루는 이 아이에게 술을 억지로 많이 먹여 잠에 빠지게 하였다.

잠에 빠진 아이의 옷을 벗겨보니 과연 두 겨드랑이에 날개가 비죽 돋아 있는 것이다.

부모는 인두를 가져다 날개 끝을 지져 버렸다.

잠에서 깨어난 아이는 날개가 떨어져 버린 걸 알고 몹시 서운하게 울었다.

날개는 지져 버렸지만 아이는 죽지는 않고 잘 자랐다.

이 아이는 나중에 커서 체격도 크고 힘도 세어 장사라는 말을 들었다. 이 장사는 나이 들자 결혼하여 아들도 낳았다.

그 아들은 비록 날개가 없었으나 힘은 아버지 못지않게 세서 늘 힘자랑을 하고 다녔다.

하루는 아버지가 아들을 데리고 말오름에 올랐다.

오름 꼭대기에 앉은 아버지는 아들의 상투를 끈으로 졸라매고는 말하였다.

"이젠 힘껏 달려 내려가라."

아들은 아버지한테 힘자랑을 할 좋은 기회라 여기고 그야말로 바람처럼 아래로 내달았다.

한참 달려가는 걸 바라보던 아버지는 손에 든 끈을 까닥 잡아당겼다.

손가락 하나 움직였을 뿐인데 아들은 즉시 뒤로 벌렁 나자빠져 버렸다.

아들이 나자빠진 곳에서 일어나 비실거리며 아버지 있는 데로 다가오자 아버지가 말하였다.

"이번엔 내 상투를 졸라매고 네가 당겨 보아라."

아들은 속으로 생각하였다.

'아무래도 아버지가 나보다 더 세신 것 같다.'

그래서 아버지 상투를 끈으로 묶고 한동안 서 있는 체하다가 거리가 좀 멀어지자 볼레나무(보리수) 그루터기에 끈을 감아 버렸다.

"아버지, 이제 힘껏 달려 보세요!"

아들이 큰소리로 외치자 아버지는 슬슬 달려가기 시작하였다.

달리기 시작하자마자 볼레나무 그루터기가 뿌리째 뽑히며 아버지를 줄줄 따라갔다.

이렇게 고 씨댁 두 부자는 힘은 장사였으나 하는 일이라야 그저 농사일이나 나무 베기 따위뿐이어서 힘을 쓸 데가 없었다.

넘쳐나는 힘을 주체하지 못하면 부자는 무수천으로 갔다.

무수천을 사이에 두고 동쪽 서쪽 바위에 두 부자가 각각 앉아서 소 던지기 놀이를 하였다.

아버지가 소를 잡아 무수천 건너 바위로 던지면, 아들이 그 소를 받아 잡고는 다시 아버지한테 훌쩍 던지는 것이었다.

"자, 소 간다."

"예, 아버지. 이번엔 제 소가 갑니다."

그렇게 하루해가 저물도록 소 한 마리를 던지면 받고 다시 전지면 받고 하면서 장사의 힘을 과시했다고 전해 온다.

날개달린 아기장수

이 마을에 처음 정착한 것으로 전해지는 고기업의 현손에 고승입 이란 장사가 있었다.

그가 잔디밭을 걸어가면 그 발자국이 잔디밭 속으로 한 치씩 패어 들어 갔고 12발 길이의 밧줄을 머리에 동여매고 뛰면 그 발줄 끝이 땅에 닿지 않아 허공에 떴다하니 얼마나 힘이 세고 빨리 뛰었는지 가히 짐작 할만 하다.

또한 그의 아들 고태남도 역시 힘이 장사로서 평소에 늘 힘자랑을 하곤 하였다.

그래서 그는 아들의 힘이 얼마나 센가 시험해 보았다.

하루는 그가 아들을 데리고 목장을 돌아보기 위하여 큰오름에 갔었다.

그는 아들더러 쇠엣배(소에 짐을 실을 때 사용하는 긴 밧줄)에 한쪽 끝을 상투에 동여매게 하고 다른 한쪽 끝은 오름 꼭대기에 앉아서 그의 손에 잡고 있으면서 아들더러 힘껏 뛰게 했다.

아들이 힘껏 뛰어 밧줄이 팽팽해지자 그가 잡아당겼더니 아들은 뒤로 나자빠져 버렸다.

다음에는 반대로 그의 상투에 밧줄 한쪽 끝을 동여매고 다른 한쪽 끝을 아들더러 붙잡게 해서 뛰겠다 하니 아들은 아버지가 과연 나보다 힘이 셀 것인가 생각하면서 슬쩍 밧줄 끝을 볼레나무 밑둥치에 감아 묶어버렸다.

그런데 아버지는 그런 줄도 모르고 힘껏 뛰었는데 그 나무가 뿌리째 뽑혔으므로 그것을 끌고 아들이 있는 산꼭대기로 되돌아 왔다 한다.

그들 부자가 그렇게도 힘이 세어서 무수내(무수천)동서쪽 냇가에 서로 마주보며 앉아 소를 묶어 이 쪽에서 저 쪽으로 던지면 저쪽에서도 다시 그것을 다시 이쪽으로 던지곤 하였다 한다.

고태남이 어렸을 적에 그의 부모는 아들의 초인적인 힘에 의심이 가서 아들이 잠들었을 때 몰래 몸을 조사하여 보니 겨드랑이에 날개가 돋아나기 시작하고 있었다.

그러니 그의 아버지는 아들이 장차 비범한 장사가 될 것이지만 당시에는 비범한 인물이 나거나 특히 날개 돋은 사람이 나면 역적이 될까봐 겁이 났다.

그래서 하루는 아들을 꾀여 술을 만취시키고 잠들게 하여 그 날개를 불에 달군 윤디(한복 만들 때 쓰는 다리미 구실을 하는 쇠붙이)로 지져버렸으나 날개가 달렸던 아기는 힘이 센 장사였다.

신칩 며느리 홍할망

애월읍 광령리에 힘이 셌던 홍할망이 살았다.

홍할망은 힘이 너무 세어서 아무도 부인으로 데려가지 않으려 하였다. 그래서 스물 댓 나도록 과녀한 처녀로 지냈는데 짚신도 짝이 있는 법이라고 마침내 결혼을 하게 되었다.

광령리 하부락 우엥이란 곳에 신 씨가 살았는데 몹시 가난하였다.

그래서 나이 들도록 부인을 구하지 못하다가 인근 마을 홍할망이 과년하도록 짝이 없이 살고 있다는 소문을 접한 것이다.

신 씨는 홍할망의 집에 가서 다짜고짜 말하였다.

"딸을 주십시오."

"어느 집인고?"

"우엥이 신가입니다."

"데려 가라."

홍할망의 나이가 너무 많으니 혼처가 있다면 아무한테나 그냥 줘

버릴 참으로 있던 홍댁은 대번에 승낙해 버렸다.

홍할망이 신 첩에 시집을 가고 보니 시집 사정도 말이 아니었다. 그야말로 아무것도 없는 것이었다.

홍할망은 매일처럼 오름에 올라 마를 캐서 간신히 살림을 꾸려 나갔다.

어느 날 홍할망이 오름에 올라 마를 캐는데, 건너편에서 사람들이 여럿 둘러앉아 떡을 먹고 있었다.

마침 그곳에 장사 치룰 일이 있어 인부들이 새참을 먹는 중이었다.

그들은 자기들 먹는 일에만 몰두하여 마를 캐는 홍할망에게는 떡을 먹어보라는 말도 하지 않았다.

화가 난 홍할망은 큰 돌들을 골라 떡 먹는 곳으로 데굴데굴 굴려 버렸다.

돌들은 빠른 속도로 내려가 상제들은 깜짝 놀라게 하였다.

상제들이 다 일어서서 홍할망에게 욕을 하였다.

"여자가 남의 장사에 이게 웬 짓이냐!"

이에 홍할망이 대꾸했다.

"음식을 먹으면서 곁에 사람에게 먹으란 말도 하지 않으시오?"

상제들은 그제야 자기네가 잘못한 줄을 깨닫고 홍할망에게 사과하였다.

"아, 그건 우리가 미처 생각하지 못했소. 이리 내려오시오."

홍할망이 내려가자 그들은 떡을 많이 내주었다.

홍할망은 배도 고픈 김에 떡을 맛있게 잘 먹었다.

"남의 음식을 공짜로 먹으면 도리가 아니니, 내가 달구나 한패 져 두고 가겠습니다."

홍할망은 떡값을 한다고 치마를 확 허리에 둘러 감고 순식간에 달구 한패를 져 두고 갔다.

이에 사람들이 홍할망의 센 힘에 다 놀랐다.

홍할망은 이처럼 힘이 세고 부지런해서 신 댁에 시집 온 후 이곳 저곳 황무지를 개간하여 밭을 꽤 마련하고 거부로 살았다.

그러던 어느 해 홍할망의 시아버지가 죽었다.

홍할망은 시아버지를 '세우리동산'에 보아 둔 묏자리로 모시려고 하였다.

산을 볼 때 그곳에 묘를 쓰면 외손봉사하겠다는 말을 들었던 그 자리였다.

세우리동산에 시아버지를 장사 지내려 하자 광산 김댁에서 난리 가 났다.

광산 김댁도 바로 그 자리를 조상 묏자리로 보아 둔 터였다.

이렇게 해서 묏자리를 두고 신댁과 김댁이 맞붙게 된 것이다.

홍할망이 시아버지를 묻을 땅을 파려 하니 광산 김댁에서 우르르 달려들었다.

홍할망은 한 손으로 그들을 떠밀었다.

광산 김댁 자손들은 한꺼번에 쓰러져 버렸다. 다시 일어난 그들은 땅을 파는 홍할망의 괭이를 붙잡고 늘어졌다.

그러나 홍할망 혼자의 힘을 당해 내기가 힘들었다.

서로 간에 실랑이하느라 괭이는 쭉 퍼져 못쓰게 되어 버렸다.

홍할망은 아예 손으로 광을 파기 시작하였다.

이 광경을 본 광산 김댁 자손들이 다들 놀라서 멈칫하였다.

그러거나 말거나 홍항망은 땅을 판 후 시아버지 관을 둘러메고 와서 광에다 부리고 흙을 덮었다.

이렇게 해서 홍할망은 세우리동산 명당자리에 시아버지를 모시고 부자로 살 수 있었다한다.

테우리동산

방목기에 목동들이 마, 소를 살피던 동산이다. '태우리 앉는 동산'이라고도 하며, 예로부터 이곳에 산 터를 쓰면 마, 소가 번성한다는 전설이 있다. 엄지굴 하단에 이어지는 칠성동산의 하나인데 마을에서 남쪽으로 2㎞ 이내에 있다.

절물

마을 서단에 위치한 샘물로 옛적에 절터였기 때문에 붙여진 이름이다. 전하는 바에 의하면 이곳에 영천사란 절이 있었고, 인근 작벽에 큰 석불이 묻혀 있다고 하나 확인할 길이 없고 다만 큰 주춧돌 하나가 발굴되어 당시의 성세를 짐작케 할 뿐이다. 1987년 향림사가 건립되어 포교활동을 하고 있다. 향림사에는 물이 있는데 이를 절물이라 하며 다음과 같은 이야기가 전해 온다.

「물을 따라 마을이 생겨나고 사람이 사는 곳에는 반드시 물이 있게 마련이다. 고려중엽부터 사람들이 살기 시작했다는 애월읍 광령리 역시 주변에 사람들이 살아가는데 필수적인 샘이 여럿 있다. 주민들은 광령리를 산칠성, 물칠성 형으로 이루어졌다고 한다. 예로부터 산이 아름답고 물이 맑아 산가수청하니 광이요, 백성이 민속이 밝고 선량하니 령이라 했다고 한다. 즉 산이 아름답다하여 큰수덕, 정연동산, 서절굴동산, 무녀마를등이 앞 4성을 이루고 엄지굴동산, 테우리동산, 높은마을 등 후 3성을 이루어 칠성형이 된다. 또한 물이 맑다하니 정연, 거욱대물, 절물, 자중동물, 독지굴물, 행중이물, 샘이마를물 등 이렇게 7개 샘물로 칠성형이 이뤄졌다 한다. 이 가운데 마을에서 서쪽 200m 지점에는 지난 87년 창건된 향림사란 절이 있다. 이 절 경내에 절물이란 샘이 강한 생명력을 간직한 채 물줄기를 뿜어내고 있다. 이 샘을 절물로 부르는 것은 향림사 창건이전에 이 샘가 주변에 영천사란 절이 있었기 때문이다. 인근에 큰 석불이 묻혀있다고 하나 확인할 길이 없고 다만 절물 입구에서 발견된 큰 주춧돌이 당시 영천사의 규모를 짐작케 하고 있을 뿐이다.」

이 절물 둘레에는 오랜 세월 샘과 함께 살아온 수령이 족히 몇 십년은 됨직한 무화과 과에 속하는 덩굴성 식물이 모람이 엄동설한에도 탐스럽게 열매를 맺어 절물의 기가 널리 퍼져 만물을 기르고 있음을 보여주고 있다.

그래서 예전에 절물샘 주변에 들어선 절 이름을 신령스러울 영자가 붙은 영천사로 부르게 된 것도 아마 절물의 영험을 담아 주민들에게 보시하려는 스님의 마음이 담겨져 있기 때문이다.

고명숙(高明淑)과 남죽이물

고명숙은 1818년에 광령에서 태어났다. 어릴 때부터 기골이 장대하여 힘이 세고 매사에 담대하였으나, 성품이 온후하여 다른 마을에까지 칭송이 자자했다. 젊어서는 마을의 크고 작은 분쟁을 도맡아 과감히 해결하는 등 의에 강했으며, 자신이 나고 자란 고향을 끔찍이 사랑했다.

그러나 그에게도 슬픔이 있었으니 그것은 가정적인 불협이었다. 이를 극복하기 위해 눈물을 머금고 타향인 외도리로 건너갔는데, 그곳에서도 신망이 두터워 경민장을 지낼 정도였다. 경민장의 임무를 성실히 수행하면서도 그는 늘 고향을 그리워하여, 외도동 사람들을 이끌고 남죽이에 와서 '남죽이물'과 '남죽이못'을 파서 마을 사람에게 지대한 도움을 주었다.

힘센 장사 최둥이

옛날 이 마을에 최둥이란 힘센 장사가 있었다.

최둥이는 힘은 세었으나 집이 가난하여 산에 가서 나물을 베어다 팔거나, 남의 집 품팔이로 생계를 이었다.

하루는 어느 집안에서 집 지을 나무를 해달라고 부탁했다.

최둥이는 산에 가서 굴무기 나무를 베어 제자리(도끼와 비슷하나 꼭지쪽이 길고 나무를 깎는데 쓰는 도구)로 대강 다듬은 다음 그 목재들을 한짐 가득 짊어지고 내려와서 그 집 앞마당에 부려 놓았다.

그 목재가 워낙 많은데 놀란 그 집주인은 최장사에게 이 목재가 모두 얼마나 되느냐고 물었다.

그러자 최장사는 대답하기를 최소한 삼간집 한 채는 지을 것이라고 했다.

또 하루는 그 동네 어쩐 사람이 최둥이에게 남방애(나무방아)를 하나 해달라고 부탁했다.

그러자 아침밥이나 좀 넉넉하게 달라고 하여 막걸리까지 곁들여 아침을 충분히 먹고 나서 그는 산으로 떠났다.

저녁때가 되어도 그가 돌아오지 않아 기다리는데 좀 늦게야 최장사는 굴무기남방애를 만들어 그것을 모자처럼 머리에 쓰고 와서 그 집 마당에 벗어 엎어놓으면서

"자, 이 남방애를 바로 일으켜 보십시오."

라고 하였다.

주인과 그 주변에 있던 여러 사람들이 힘을 합쳐 그것을 일으켜 세우려 하였으나 끔쩍도 하지 않았다.

그러자 최장사는 다가가서 손은 뒷짐진채로 한쪽발로 걷어차 일으켜 놓았다.

최장사는 부근의 마을에까지 고집(고대)장사 버금가는 힘센 장사로 소문이 났었다.

용천수명(湧泉水名)의 유래

광령 3리에는 3개소의 용천수(湧泉水)가 있다. 3개소 용천수명의 유래는 고려 공민왕 10년 육지에서 최초 입촌한 송자종(宋自宗)씨가 아들 형제에게 각각 사용토록 했다는 유래가 구전된다.

광령 할망당

광령1리의 본향당인 '자운당'은 마을 동쪽 무수천변에 있다. 속칭 '할망당'으로 더 잘 알려져 있으며 '송씨 아미', '송씨 도령'이 좌정했다는 이 당에는 수령 4백년 이상의 거대한 팽나무가 2 그루 서 있다. 다정한 오누이처럼 나란히 서 있는 두 팽나무 밑에는 두 개의 화강암 석판이 연이어 놓여 있다. 그 중 동쪽 굵은 팽나무 밑의 것이 누이 '송씨 아미'의 제단이고 서쪽의 작은 석판이 '송씨 도령'의 몫이다. 둘레 6~7m 나 되어 보이는 나무의 굵기는 이 당의 역사가 속히 3백 년 이상 됨을 말해 준다.

광령1리 본향당 '자운당'

전설에 의하면 옥황상제에게는 열두 신하가 있었다.

그 중에 열두 번째가 송 씨 대왕인데 '인간세계에 생불로 내려가라.'는 명을 받고 지상에 내려와 영주산(한라산) 동남쪽 '안수못밭'에 터를 잡고 아들 5형제, 딸 형제를 낳았다.

그 중에 두 오누이가 원당봉에 살려고 하니 '개끗(바다) 냄새가 나서 못쓰겠다. 옮기자.'해서 서쪽으로 옮기니 신엄 서쪽 자운당에 와서 머물렀다.

그러나 거기서도 남드르(신엄 앞바다) 절벽에 파도치는 소리가 듣기 싫어 '여기도 거주할 수 없다.'해서 수산(애월읍) 당동산으로 옮겼고, 그 곳에서도 물이 나빠 어쩔 수 없이 광령 서쪽 당동산으로 와서 거주했다. 그 곳은 생수도 있어 좌정지로 적격이었는데 차차 인가가 불어나서 지금 위치로 옮겨 왔다.

이 전설대로라면 할망당(자운당)은 처음 설당한 이래 최소한 4군데 이상 위치를 옮겨 왔으며, 당에 따른 인구 이동을 염두에 둔다면 이 당의 역사는 훨씬 이전으로 올라가야 할 것이다.

실제로 현재 신엄리 서쪽에 '자운당'이라는 같은 지명이 남아 있어 그러한 추측의 가능성을 뒷받침해 준다.

현별감네 백정무덤

광령 마을은 지금으로부터 4백년 훨씬 이전에 현 씨 일문에서 설촌했다고 전한다.

현 씨 일가는 마을에서 손꼽히는 명문으로 누대에 걸쳐 온갖 부귀와 영화를 누렸는데 그만 산터(묏자리)를 잘못쓰는 바람에 가세가 급격히 기울고, 끝내는 자기 집안의 사위로 입촌한 광산 김 씨 일문에 그 성세까지 넘겨줘 버렸다고 한다.

당시 현 씨 일가는 큰 부자였고, 더구나 별감 벼슬까지 지내고 보니 그 기세가 하늘을 찌를 정도였다.

그런데 이 현별감이 천수를 다 마쳐 돌아가게 되자 이상하게 광산 김 씨 집안에서도 비슷한 시기에 장사 치를 일이 생겼다.

광산 김 씨네도 알아주는 명문이라 당연히 정시(地官)을 모셔다 산터를 물색하게 됐다.

며칠을 산과 들로 헤매던 지관이 마침내 「보름다리」지경을 명당자리라 가리킴으로써 김 씨 일가에서는 이 곳을 유렴지지(留念之地)로 토적(헛 봉분)을 해 두었다.

그런데 하루는 사또가 말을 타고 이 지역을 지나다 아무리 봐도

산 터를 쓸 자리가 아닌데 토적을 한 것이 이상해서 마을 사람에게 물었다.

"누가 토적을 허였느냐?"

"예, 광산 김칩서 했소."

"그놈 이리 불러 들여라."

일이 이렇게 되자, 상주가 나서니 사또가 불호령을 했다.

"왜 이런 디 산을 썼느냐?"

"무슨 말씀입니까?"

상주가 어리둥절 대답을 못하니 사또가 토적한 자리에 떡 버티고 서서 웃한질(윗 한길) 알녁(북쪽) 장태(소나 돼지 따위를 잡을 때 피를 받아 놓는 옹기) 모습을 한 밭을 가리키며,

"여긴 백정이 날 자리니 여기에 산 쓰지 말라."

"아이고, 거 그렇습니까. 고맙습니다."

"그래, 저리로 같이 가면 내가 산 한자리 가리켜 주마."

이에 상주는 다행이라 여기며 사또 뒤를 좇아갔는데 멈춰선 자리가 '높은모루'지경이었다.

그곳에서 한참 사방을 살피던 사또가 한 지점을 가리키며

"음, 여기가 장원지지(壯元之地)라, 그만하면 좋다."

고 말했다.

그래서 김 씨 일가에서는 사또의 분부도 있고 해서 이곳에 묏자리를 쓰기로 결정했다.

그런데 현 씨 일가에서는 마침 좋은 명당자리도 없고 해서 김 씨

일가에 토적한 산 터 자리를 넘겨 달라고 요청하였다.

그러니 김 씨 일가에서는 쓸모없는 산터 자리인데 어떠랴 싶어 쓰려면 써도 좋다고 허락했다. 그래서 현 씨 일문에서는 무슨 일이 있었는지 알아보지도 않고 '보른다리'지경에 그냥 산을 써버렸다.

몇 해가 지나고 또 사또의 얘기도 잊힐 즈음해서 섣달 그믐날 명절 준비를 하려고 마을 백정들이 소를 잡는데 갑자기 현별감네 독자 손자가

"나도 소를 잡겠다."

고 덤벼들었다.

깜짝 놀란 사람들은 너나할 것 없이 모두 나서서 말렸다.

"점잖은 양반집 도령이 쉐를 잡겠다니 그게 뭔 말입니까?"

"아 괜찮다. 멩질 제찬허는디 아무나 잡으면 어떠냐. 내가 허겠으니 너희들은 좀 쉬어라."

그래도 사람들은 양반집 도령이 참말로 소를 잡으랴 싶어 반신반의 하면서도 도령의 부친 앞에 달려가 이러 저러하다고 일렀다.

그러자 그 부친은 노발대발 하면서 몽둥이를 들고 내달았다.

"거 뭔 말이냐, 양반집 자손이 그럴 수가 있느냐?"

노발대발한 부친은 말리려고 하였으나 아들은 칼을 휘두르며 마치 사람이라도 죽일 듯하니 어쩔 수 없었다.

그러자 부친은

"이제 우리 집안 운은 다 끝났다"

고 통곡하며 돌아설 수밖에 없었다.

그 후로 현 씨 가문은 특별한 이유도 없이 재산이 줄어들고 아들역시 백정으로 평생을 살다가 죽었다는 이야기가 전해온다(지금도 광령 인근지역에는 무연분묘들이 많이 발견되는데 이 모두가 현시 일문의 폐총이라는 속설도 있다).